Química orgânica

Bianca Sandrino

inter saberes

Rua Clara Vendramin, 58 | Mossunguê
CEP 81200-170 | Curitiba-PR | Brasil
Fone: (41) 2106-4170
www.intersaberes.com
editora@intersaberes.com

Conselho editorial
- Dr. Alexandre Coutinho Pagliarini
- Dr.ª Elena Godoy
- Dr. Neri dos Santos
- Dr. Ulf Gregor Baranow

Editora-chefe
- Lindsay Azambuja

Gerente editorial
- Ariadne Nunes Wenger

Assistente editorial
- Daniela Viroli Pereira Pinto

Preparação de originais
- Fabricia E. de Souza

Edição de texto
- Monique Francis Fagundes Gonçalves
- Tiago Krelling Marinaska

Capa e projeto gráfico
- Luana Machado Amaro (*design*)
- Taweesak Sriwannawit/Shutterstock (imagem da capa)

Diagramação
- Muse *Design*

Equipe de *design*
- Luana Machado Amaro
- Sílvio Gabriel Spannenberg

Iconografia
- Regina Claudia Cruz Prestes

Dados Internacionais de Catalogação na Publicação (CIP)
(Câmara Brasileira do Livro, SP, Brasil)

Sandrino, Bianca
　　Química orgânica/Bianca Sandrino. Curitiba: InterSaberes, 2020. (Série Panorama da Química)

　　Bibliografia.
　　ISBN 978-65-5517-588-2

　　1. Química orgânica I. Título. II. Série.

20-35956　　　　　　　　　　　　　　CDD-547

Índices para catálogo sistemático:
1. Química orgânica　547
Cibele Maria Dias – Bibliotecária – CRB-8/9427

1ª edição, 2020.
Foi feito o depósito legal.
Informamos que é de inteira responsabilidade da autora a emissão de conceitos.

Nenhuma parte desta publicação poderá ser reproduzida por qualquer meio ou forma sem a prévia autorização da Editora InterSaberes.

A violação dos direitos autorais é crime estabelecido na Lei n. 9.610/1998 e punido pelo art. 184 do Código Penal.

Sumário

Apresentação □ 5
Como aproveitar ao máximo este livro □ 7

Capítulo 1
Estrutura das moléculas □ 10
1.1 Conceito de átomo □ 11
1.2 Tipos de ligações químicas □ 16
1.3 Estruturas de Lewis □ 23
1.4 Influência da isomeria nas propriedades químicas de compostos orgânicos □ 30
1.5 Forças intermoleculares □ 32
1.6 Solubilidade dos compostos □ 36

Capítulo 2
Estrutura das cadeias carbônicas □ 42
2.1 Elementos organógenos □ 43
2.2 Teoria estrutural dos elementos nos compostos orgânicos □ 45
2.3 Ligação iônica e ligação covalente nos compostos orgânicos □ 58
2.4 Hibridização dos átomos de carbono □ 61

Capítulo 3
Hidrocarbonetos □ 72
3.1 Nomenclatura dos hidrocarbonetos □ 75
3.2 Classificação das cadeias de carbono □ 82
3.3 Identificação dos grupos funcionais □ 87

3.4 Nomenclatura das ramificações chamadas de *grupos alquilas* ou *alquil* (R) ◻ 87
3.5 Propriedades físico-químicas e biológicas dos hidrocarbonetos ◻ 92

Capítulo 4

Grupos funcionais: álcool, amina e amida ◻ 99

4.1 Álcool, amina e amida: o que são? ◻ 100
4.2 Classificação de álcoois, aminas e amidas ◻ 102
4.3 Nomenclatura de álcoois, aminas e amidas ◻ 105
4.4 Propriedades físico-químicas de álcoois, aminas e amidas ◻ 110

Capítulo 5

Grupos funcionais: fenol, éter, aldeído e cetona ◻ 120

5.1 Fenol, éter, aldeído e cetona: definições e características ◻ 121
5.2 Nomenclatura de fenóis, éteres, aldeídos e cetonas ◻ 123
5.3 Propriedades físico-químicas de fenóis, éteres, aldeídos e cetonas ◻ 131

Capítulo 6

Grupos funcionais: ácido carboxílico e éster ◻ 141

6.1 Ácido carboxílico e éster: definições e características ◻ 142
6.3 Nomenclatura de ácidos carboxílicos e ésteres ◻ 148
6.4 Propriedades físico-químicas de ácidos carboxílicos e ésteres ◻ 150

Considerações finais ◻ 158
Glossário ◻ 159
Referências ◻ 167
Bibliografia comentada ◻ 168
Respostas ◻ 170
Sobre a autora ◻ 186

Apresentação

Nosso objetivo, neste livro, é apresentar para você uma visão introdutória sobre a química orgânica, sua linguagem e seus conceitos.

O conhecimento da estrutura dos átomos e das moléculas que compõem as substâncias é de extrema importância para os químicos, uma vez que as propriedades dessas partículas têm relação direta com a estrutura eletrônica que apresentam. Assim, este livro reúne desde os conceitos iniciais de estrutura, ligações químicas, interações e propriedades físico-químicas dos compostos orgânicos até as funções orgânicas.

Aqui, os conteúdos introdutórios de química orgânica foram divididos em seis capítulos. No Capítulo 1, abordamos as noções da estrutura das moléculas e suas propriedades, tais como ligação química, forças intermoleculares e solubilidade.

No Capítulo 2, apresentamos os elementos organógenos, a teoria estrutural, as ligações iônica e covalente nos compostos orgânicos e a hibridação dos átomos de carbono.

Esses temas iniciais embasam os capítulos posteriores, que tratam das funções orgânicas e dos grupos funcionais.

No Capítulo 3, evidenciamos a classificação de hidrocarbonetos, suas propriedades e sua nomenclatura de acordo com normas da International Union of Pure and Applied Chemistry (Iupac).

Na sequência, no Capítulo 4, destacamos os álcoois, as aminas e as amidas. No Capítulo 5, esclarecemos as funções oxigenadas, como fenóis, éteres, aldeídos e cetonas. Por fim, no Capítulo 6, explicamos as funções ácido carboxílico e éster. Todos esses tópicos contemplam, ainda, as propriedades de tais funções e sua nomenclatura.

Por fim, esperamos que este material cumpra seu propósito de ser objetivo, atraente e útil.

Bons estudos!

Como aproveitar ao máximo este livro

Empregamos nesta obra recursos que visam enriquecer seu aprendizado, facilitar a compreensão dos conteúdos e tornar a leitura mais dinâmica. Conheça a seguir cada uma dessas ferramentas e saiba como elas estão distribuídas no decorrer deste livro para bem aproveitá-las.

Introdução do capítulo

Logo na abertura do capítulo, informamos os temas de estudo e os objetivos de aprendizagem que serão nele abrangidos, fazendo considerações preliminares sobre as temáticas em foco.

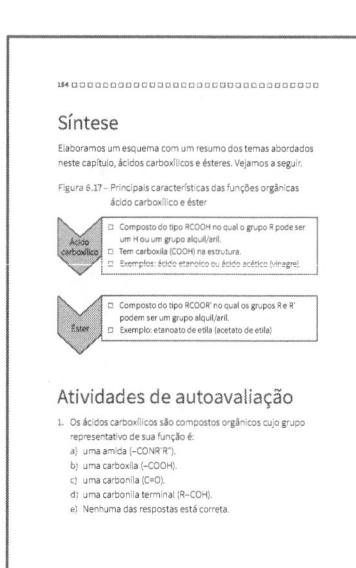

Síntese
Ao final de cada capítulo, relacionamos as principais informações nele abordadas a fim de que você avalie as conclusões a que chegou, confirmando-as ou redefinindo-as.

Atividades de autoavaliação
Apresentamos estas questões objetivas para que você verifique o grau de assimilação dos conceitos examinados, motivando-se a progredir em seus estudos.

Atividades de aprendizagem

Questões para reflexão

1. Avalie as estruturas e indique qual é a hibridização (sp^3, sp^2 e sp) de cada átomo das estruturas de carbono:
   a) H_3C-CH_3
   b) $H_2C=CH_2$
   c) (estrutura com NH)
   d) (estrutura cíclica com O)
   e) $H_3C-C\equiv C-$ com O

2. Indique o ácido mais forte em cada dupla apresentada. Em seguida, explique qual a relação entre carga e acidez:
   a) H_3O^+ ou H_2O
   b) NH_4^+ ou NH_3
   c) H_2S ou HS^-
   d) H_2O ou OH^-

Atividade aplicada: prática

1. Faça o fichamento bibliográfico dos principais assuntos abordados neste capítulo, comentando os resumos.

Atividades de aprendizagem
Aqui apresentamos questões que aproximam conhecimentos teóricos e práticos a fim de que você analise criticamente determinado assunto.

Bibliografia comentada

BARBOSA, L. C. de A. **Introdução à química orgânica**. 2. ed. São Paulo: Pearson Education do Brasil, 2011.

Barbosa adota uma linguagem simples e didática para apresentar conceitos fundamentais de assuntos que aproximam o conteúdo acadêmico da vida de estudantes, tais como *hidrocarbonetos*, *álcoois*, *éteres*, *aldeídos* e *cetonas*. Tem rigor com as normas e com as indicações da Iupac, o que torna a obra uma referência para aqueles que desejam estudar química.

BRUICE, P. Y. **Fundamentos de química orgânica**. 2. ed. São Paulo: Pearson Education do Brasil, 2014. v. 2.

BRUICE, P. Y. **Química orgânica**. 4. ed. São Paulo: Pearson Education do Brasil, 2014. v. 4.

Essas duas obras de Bruice buscam transformar o estudo da química em uma tarefa que não se limita à memorização de moléculas e reações; o autor mostra o raciocínio para se chegar às soluções dos problemas propostos. Além disso, o livro tem uma apresentação moderna, com uma série de recursos, como quadros ilustrativos, notas em destaque sobre conceitos-chave, biografias e balões explicativos, além dos mapas de potencial eletrostático, os quais ajudam a entender como as reações ocorrem. A obra ainda traz uma grande quantidade de problemas resolvidos.

CAREY, F. A. **Química orgânica**. 7. ed. Porto Alegre: AMGH, 2011. v. 1.

CAREY, F. A. **Química orgânica**. 7. ed. Porto Alegre: AMGH, 2011. v. 2.

Nessas obras, Carey centra-se nos mecanismos das reações, propiciando um conhecimento essencial para o entendimento da química orgânica. O autor explicita de forma clara os conceitos, facilitando o entendimento do leitor quanto à relação entre as estruturas dos

---

Bibliografia comentada
Nesta seção, comentamos algumas obras de referência para o estudo dos temas examinados ao longo do livro.

Capítulo 1

Estrutura das moléculas*

---

* Este capítulo foi elaborado com base em Barbosa (2011); Bruice (2014a, 2014b); Carey (2011a, 2011b); McMurry (1997); Solomons (2006).

Neste capítulo, apresentaremos as ligações químicas das cadeias carbônicas, a força intermolecular e as propriedades envolvidas nessas ligações, bem como as propriedades físico-químicas dos elementos dos compostos orgânicos.

Por fim, vamos abordar as propriedades de solubilidade, o ponto de fusão, o ponto de ebulição e a densidade dos compostos orgânicos.

1.1 Conceito de átomo

Inicialmente, para tratar do significado da expressão *ligação química*, assim como das propriedades dos compostos de carbonos, precisamos esclarecer o conceito de átomo.

Sucintamente, podemos pensar nos átomos como estruturas constituídas por um núcleo denso com partículas chamadas *prótons* (partículas positivamente carregadas) e *nêutrons* (partículas sem carga), rodeado por elétrons (negativamente carregados) dispostos a uma distância relativamente grande em relação ao núcleo.

Estudos de mecânica quântica deram origem a um modelo de átomo respeitado até a atualidade. Nele são apresentadas as regiões do espaço em que há maior probabilidade de se encontrar um elétron específico. Esse modelo foi descrito pela expressão matemática denominada *equação de onda*, cujo resultado é uma função de onda, representada pela letra grega *psi* (Ψ). A resolução do cálculo do modelo levou ao que se chama de *orbital*.

Nesse modelo, quatro são os tipos de orbitais conhecidos, denominados s, p, d e f, com diferentes formas geométricas, como você pode observar a seguir.

Figura 1.1 – Representação geométrica de orbitais s, p e d

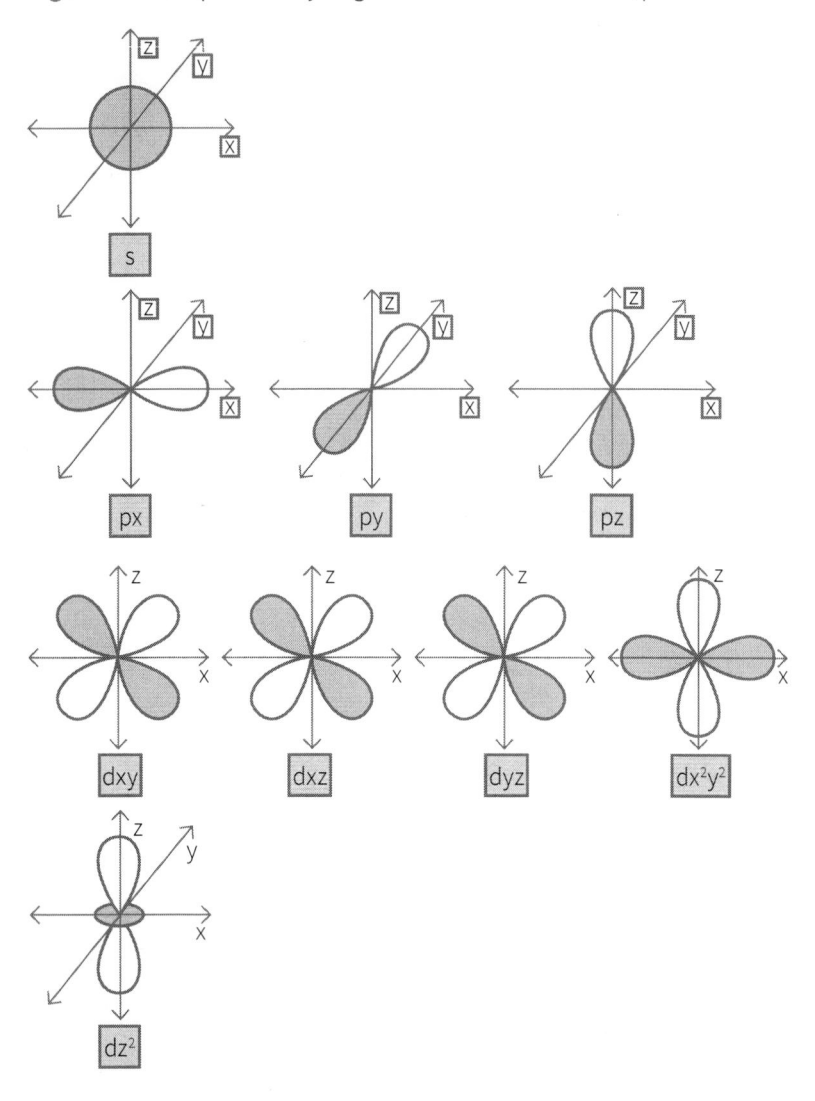

Os orbitais f não são representados em razão de sua complexidade geométrica, mas podem ser encontrados na literatura, inclusive na lista de referências ao final deste livro. Assim, na figura anterior, podemos observar as seguintes informações:

- O orbital s é esférico, e o núcleo está em seu centro.
- Os orbitais p, com sua forma de halteres, levam o núcleo a situar-se exatamente no meio dos dois lóbulos, orientados precisamente sobre os eixos cartesianos (x, y e z), formando os orbitais chamados px, py e pz.
- Quatro dos cinco orbitais d (dxy, dxz, dyz, dx^{2}y^2) têm a forma semelhante à de uma folha de trevo, e o núcleo também fica exatamente no meio dos quatro lóbulos. Já o quinto orbital (dz^2) é bem diferente dos demais, com dois lóbulos sobre o eixo z e uma região anelar ao redor do núcleo.

Quanto à distância do núcleo, os orbitais estão organizados em diferentes camadas ou níveis de energia, designados pelos números inteiros 1, 2, 3, 4, 5, 6 e 7, de maneira que o número da camada aumenta conforme sua distância em relação ao núcleo, conforme ilustrado na figura a seguir.

Figura 1.2 – Níveis de energia ou camadas eletrônicas de um átomo

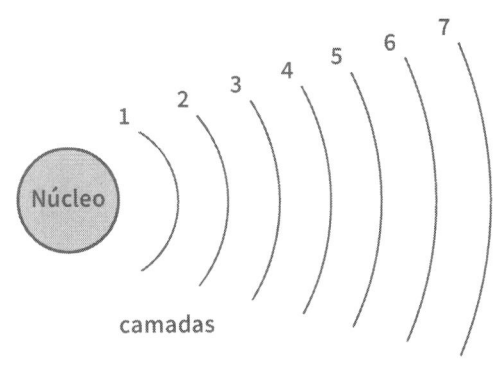

Cada camada contém quantidades e tipos de orbitais diferentes. Cada orbital, por sua vez, é ocupado por dois elétrons somente, cuja rotação (*spin*) deve estar no sentido oposto. As rotações são representadas pelos valores +1/2 e −1/2.

Ao observarmos a primeira camada de um átomo, podemos perceber que ele contém um único orbital, denominado *1s* e que, dessa maneira, acomoda apenas dois elétrons. Já a segunda camada contém um orbital *s* (2s) e 3 orbitais *p* (2px, 2py, 2pz), e assim acomoda um total de 8 elétrons. A terceira camada contém 1 orbital *s* (3s), três orbitais p (3px, 3py, 3pz) e 5 orbitais *d* (3dxy, 3dxz, 3dyz, $3dx^2y^2$ e dz^2), com capacidade total de 18 elétrons, assim sucessivamente. Essa sequência de camadas, subníveis e suas capacidades de alocar elétrons pode ser mais bem avaliada no Quadro 1.1, a seguir.

Para chegarmos ao arranjo de menor energia – ou configuração eletrônica de um átomo –, os elétrons, no preenchimento dos orbitais atômicos, devem ocupar sempre os níveis de menor energia, procedimento chamado de **princípio de aufbau** (do alemão *aufbau*, que significa *construção*), também conhecido como *princípio da estruturação, diagrama de distribuição eletrônica* ou *diagrama de Linus Pauling*.

Além disso, somente dois elétrons podem ocupar um orbital, e eles devem ter *spins* opostos – **princípio de exclusão de Pauli**. Se dois ou mais orbitais vazios de mesma energia estiverem disponíveis, os elétrons devem ocupar primeiramente cada um dos orbitais com seus *spins* paralelos, para então passar a preencher o mesmo orbital com um segundo elétron – **regra de Hund**.

A ordem precisa do preenchimento de elétrons pode ser obtida seguindo as setas sobre os subníveis apresentados no quadro a seguir.

Quadro 1.1 – Sequência de camadas, orbitais e número de elétrons possíveis em um átomo

Camadas ou níveis de energia		Subníveis (s, p, d, f)	Número máximo de elétrons por nível
K	1	$1s^2$	2
L	2	$2s^2\ 2p^6$	8
M	3	$3s^2\ 3p^6\ 3d^{10}$	18
N	4	$4s^2\ 4p^6\ 4d^{10}\ 4f^{14}$	32
O	5	$5s^2\ 5p^6\ 5d^{10}\ 5f^{14}$	32
P	6	$6s^2\ 6p^6\ 6d^{10}$	18
Q	7	$7s^2$	2

Logo, se tivermos o número atômico de um átomo (representado por Z, que corresponde ao número de prótons no núcleo), que pode ser obtido na tabela periódica, e precisarmos descobrir sua camada de valência (último nível de orbitais com elétrons de um átomo), deveremos seguir as setas de preenchimento do diagrama de orbitais. Esse procedimento permite a determinação da distribuição de elétrons correta para o elemento.

Um exemplo para o preenchimento do diagrama é o **átomo de carbono**, que tem número de massa (representado pela letra *A*, correspondente à soma das massas das partículas existentes no núcleo atômico, como prótons e nêutrons) igual a 12 u (A = 12 u) e, consequentemente, Z = 6. Portanto, sua distribuição será também de 6 elétrons:

Átomo de carbono (C)

Z = 6

$1s^2\ 2s^2\ 2p^2$

Ou, de maneira mais específica:

$1s^2\ 2s^2\ 2p_x^1\ 2p_y^1\ 2p_z^0$

1.2 Tipos de ligações químicas

Para que átomos tenham alta estabilidade eletrônica e atinjam níveis de mais baixa energia, sua última camada, a mais externa – **camada de valência** –, deve estar completa.

Para isso, os átomos tendem a imitar a configuração eletrônica de um gás nobre próximo ao seu período (linha horizontal que indica quantos níveis os átomos de um elemento apresentam) da tabela periódica, por meio de ligações entre átomos, as quais formam as moléculas. Essas ligações podem ocorrer de duas formas diferentes:

- pela doação de elétrons de um átomo a outro, a chamada *ligação iônica*;
- pelo compartilhamento de elétrons entre dois átomos, denominado *ligação covalente*.

Toda vez que um átomo doa ou compartilha elétrons, uma quantidade específica de energia é liberada, pois a molécula ou o composto formado deve ter menor energia que os átomos separados. O tipo de ligação entre os átomos depende de suas configurações eletrônicas, o que leva a diferentes afinidades eletrônicas.

A seguir, veremos mais detalhadamente a ligação iônica e a ligação covalente.

1.2.1 Ligação iônica

A ligação iônica é o resultado da atração entre íons de carga oposta cujos valores de eletronegatividade (tendência a atrair elétrons) são bastante distintos. Por exemplo: átomos com baixa eletronegatividade tendem a doar elétrons para átomos com elevada eletronegatividade. Nesses casos, temos a formação dos **cátions**, ou seja, elementos que doam elétrons e assumem carga positiva; em contrapartida, os **ânions** são os átomos que recebem elétrons e assumem carga negativa.

Como exemplo clássico de compostos com ligação iônica, temos o cloreto de sódio (NaCl), também conhecido como "sal de cozinha", demonstrado na figura a seguir.

Figura 1.3 – Composto iônico cloreto de sódio (NaCl)

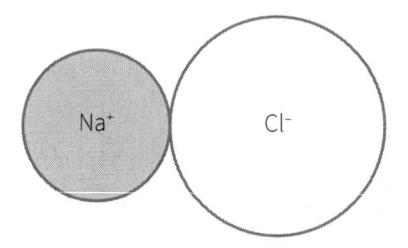

O sódio (Na) pertence à família dos metais alcalinos da tabela periódica (Família 1A, ou Grupo 1) e tem 11 elétrons no total, o que leva à seguinte configuração eletrônica:

Na: $1s^2 2s^2 2p^6 3s^1$

Veja que a última camada (3s) tem somente 1 elétron, o que torna o sódio reativo, a fim de liberar essa carga e obter uma configuração eletrônica mais estável com 8 elétrons na camada de valência ($1s^2 2s^2 2p^6$), similar ao gás nobre neônio, formando o cátion Na^+.

Em contrapartida, no cloreto de sódio, o cloro (Cl) pertence à família dos halogênios (Família 7A, ou Grupo 17) e tem a seguinte configuração:

Cl: $1s^2 2s^2 2p^6 3s^2 3p^5$

O cloro busca estabilidade obtendo mais um elétron em sua última camada, chegando à configuração do gás nobre argônio ($1s^2 2s^2 2p^6 3s^2 3p^6$), formando o ânion cloreto (Cl^-).

Nesse tipo de ligação, devemos ter cuidado com a quantidade de carga que cada elemento pode assumir, pois isso pode variar conforme a quantidade de elétrons na camada de valência.

Como exemplo, temos os sais da Família 2A, ou Grupo 2, cujos cátions são divalentes, assumem carga +2 e precisam ligar-se a 2 ânions cloreto (Cl^-). Vejamos a formação do cloreto de cálcio ($CaCl_2$), em que os ânions assumem a seguinte configuração:

1Ca^{+2}: $1s^2 2s^2 2p^6 3s^2 3p^6$

2Cl^-: $1s^2 2s^2 2p^6 3s^2 3p^6$

1.2.2 Ligação covalente

A ligação covalente caracteriza-se pelo compartilhamento de elétrons entre átomos, o que significa que a diferença de eletronegatividade entre os átomos não é significativa a ponto de ter separação de cargas, como ocorre nas ligações iônicas. A ligação covalente também proporciona aos seus elementos uma configuração de gás nobre.

Um exemplo é a molécula do gás hidrogênio (H_2), na qual dois átomos idênticos compartilham o único elétron existente na camada de valência ($1s^1$), chegando à configuração estável do gás hélio ($1s^2$). Essa ligação leva à liberação de uma quantidade específica de energia (435 kJ mol^{-1}), o que significa que, para se romper essa ligação, o mesmo valor de energia precisa ser fornecido.

Além disso, as ligações entre átomos, como no caso dos compostos orgânicos, podem ocorrer não somente por ligações únicas ditas simples, representadas pela letra grega *sigma* (σ), mas também pelo compartilhamento de mais de um par de elétrons, como no caso das duplas ou triplas, representadas pela letra grega *pi* (π). Vejamos o exemplo dos compostos eteno (C_2H_4) e etino (C_2H_2), cujas estruturas são apresentadas na figura a seguir.

Figura 1.4 – Estruturas moleculares do eteno (C_2H_4) e do etino (C_2H_2)

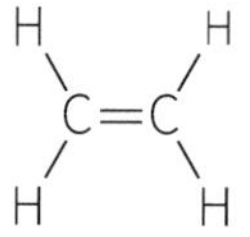

$$H_2C=CH_2 \qquad H-C\equiv C-H$$

Eteno (C_2H_4)   Etino (C_2H_2)

1.2.3 Ligação covalente polar

Em ligações covalentes entre átomos de elementos diferentes, podemos observar a formação de um polo na molécula, uma vez que cada elemento tende a atrair elétrons com maior ou menor força de acordo com sua eletronegatividade.

Um exemplo desse comportamento ocorre na ligação entre o hidrogênio e o cloro quando formam o ácido clorídrico, presente em nosso estômago. Nesse caso, o núcleo de hidrogênio tem menos força para atrair os elétrons da ligação, ficando mais distante dessas partículas, formando um polo positivo, representado pela letra grega *delta* (δ) seguida do sinal positivo (δ+). Para o átomo de cloro, que tem maior força de atração sobre os elétrons da ligação, ocorre a formação de um polo negativo, representado pela letra grega δ seguida do sinal negativo (δ-).

Agora, vamos observar as representações da **dipolaridade** do ácido clorídrico (HCl), as quais, além das letras gregas, podem ser representadas pela presença de uma seta sobre os símbolos dos elementos cuja direção indica o polo positivo. Veja, no nosso exemplo, o átomo de hidrogênio, exposto na figura a seguir.

Figura 1.5 – Representações da dipolaridade do ácido clorídrico

$$\overset{\delta+\delta-}{H-Cl} \qquad \overset{\longleftarrow}{H-Cl}$$

Em uma ligação, uma maneira de quantificar a força de separação entre as cargas positiva e negativa é por meio do momento de dipolo (μ). No caso do ácido clorídrico, o momento de dipolo tem o valor de $4{,}4 \times 10^{-30}$ C · m, valor obtido pela equação a seguir.

μ = e × d

Em que:

- e = carga parcial (C, coulomb)
- d = distância que separa as cargas (m, metros)

A escala de eletronegatividade mais utilizada é aquela proposta por Linus Pauling. De acordo com essa escala, na tabela periódica, a eletronegatividade aumenta da esquerda para a direita em um período. Portanto, dos elementos do segundo período, o mais eletronegativo é o flúor (F) e o menos eletronegativo é o lítio (Li).

Por outro lado, a eletronegatividade diminui ao se deslocar de cima para baixo na tabela periódica. Dessa forma, no grupo dos halogênios, o flúor é o mais eletronegativo, seguido do cloro (Cl), do bromo (Br) e do iodo (I). De maneira geral, o flúor é o mais eletronegativo de todos os elementos; o oxigênio é o segundo mais eletronegativo.

Em resumo, quanto maior a diferença de eletronegatividade entre dois elementos, mais polarizada é a ligação entre eles. A tabela a seguir apresenta os valores de eletronegatividade de Pauling para alguns elementos.

Tabela 1.1 – Valores da escala de eletronegatividade de Pauling

Período	1A	2A	3A	4A	5A	6A	7A
1	H 2,1						
2	Li 1,0	Be 1,5	B 2,0	C 2,5	N 3,0	O 3,5	F 4,0
3	Na 0,9	Mg 1,2	Al 1,5	Si 1,8	P 2,1	S 2,5	Cl 3,0
4	K 0,8	Ca 1,0					Br 2,8
5							I 2,5

Em moléculas com muitos átomos (ou seja, polinucleares, uma vez que cada átomo tem um núcleo), o momento de dipolo é obtido da soma vetorial dos momentos de cada ligação. Em um caso específico, de uma cadeia alifática na qual somente átomos de carbono* estão presentes na cadeia principal, a força de atração do núcleo de cada átomo sobre os elétrons da ligação é a mesma e em direção oposta, o que anula a possibilidade de se formar polos, tornando a cadeia ou o composto apolar.

Em uma molécula plana como o dióxido de carbono (CO_2), esses vetores também se anulam ($\overrightarrow{O=C}\overleftarrow{=O}$), logo, $\mu = 0$ C · m, apolar.

1.3 Estruturas de Lewis

Dada a existência de muitos compostos cujas estruturas de Lewis apresentam átomos que são exceções à regra do octeto (têm mais ou menos que 8 elétrons na camada de valência), diferentes estruturas dessa natureza podem ser obtidas.

Para identificar qual estrutura é a mais estável, devemos utilizar o **cálculo da carga formal**. Esse cálculo leva em consideração a quantidade de elétrons da camada de valência presentes no estado livre ou fazendo a ligação. De maneira geral, a estrutura mais estável será aquela que apresentar carga formal zero sobre todos os átomos ou sobre a maioria deles. Além disso, no caso de compostos iônicos, o átomo que cedeu elétron tem carga positiva e o átomo que recebeu elétron tem carga negativa.

Para calcular a carga formal para cada átomo em um composto, adotamos a seguinte notação:

$$CF = V - \left(NL + \frac{1}{2}L\right)$$

---

* Denomina-se *cadeia principal* a conexão entre os carbonos; os átomos de H são pensados como periféricos.

Em que:

- CF = carga formal
- V = número de elétrons de valência do átomo livre
- NL = número de elétrons não ligantes do átomo no composto
- L = número de elétrons das ligações que o átomo realiza

Para uma melhor compreensão, vamos analisar a estrutura de Lewis do cloreto de amônio (NH_4Cl) e calcular a carga formal para os átomos.

Figura 1.6 – Estrutura de Lewis do cloreto de amônio (NH_4Cl)

$$H-\overset{\overset{H}{|}}{\underset{\underset{H}{|}}{N^+}}-H \quad :\!\ddot{\underset{..}{Cl}}\!:^{-}$$

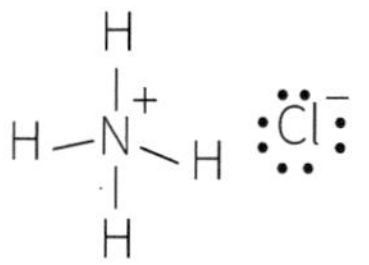

Vejamos, por exemplo, o cálculo da carga formal para o hidrogênio:

$$CF_H = V - \left(NL + \frac{1}{2}L\right)$$
$$CF_H = 1 - \left(0 + \frac{1}{2}\cdot 2\right)$$
$$CF_H = 1 - 1$$
$$CF_H = 0$$

Tabela 1.2 – Análise dos elétrons da estrutura de Lewis do cloreto de amônio (NH_4Cl)

Átomo	Número de elétrons de valência do átomo livre	Número de elétrons não ligantes	Número de elétrons das ligações	Carga formal
H	1	0	2	0
N	5	0	8	+1
Cl	7	8	0	−1

Ao analisarmos a Tabela 1.2, percebemos que os hidrogênios ligados covalentemente ao átomo de nitrogênio têm carga formal zero sobre eles. Já o átomo de nitrogênio apresenta uma carga positiva, dada a ligação iônica que realiza com o átomo de cloro, que recebeu o elétron da ligação, ficando com carga negativa sobre ele.

Outra questão que pode surgir quando propomos uma estrutura para uma molécula ou um íon, ou mais especificamente estruturas de Lewis, é que, em alguns casos, mais de uma organização de átomos pode ser escrita. Nesse caso, no entanto, não se trata de isômeros, mas sim do fenômeno chamado *ressonância*. Mesmo que as estruturas só existam teoricamente, ter conhecimento desses arranjos auxilia a entender seu papel de estabilização na molécula ou no íon.

Normalmente, a energia da estrutura que chamamos de *híbrido de ressonância* é menor do que a energia de qualquer uma das estruturas contribuintes. Contudo, podemos indicar qual delas contribui mais para a estabilização da molécula se levarmos em consideração alguns pontos:

- o número de ligações covalentes, pois, quanto mais ligações tiver, mais estável será a estrutura;
- a presença de cargas opostas próximas, pois servem para anular o efeito de uma sobre a outra;
- o fato de que, quanto mais átomos tiverem suas camadas de valência completas de elétrons (isto é, a estrutura de gás nobre), mais estável será a estrutura.

Vejamos o caso do but-1-eno (C_4H_8) na figura a seguir.

Figura 1.7 – Fenômeno de ressonância do buteno: estruturas 1 e 2 contribuintes[1] e estrutura 3 não contribuinte

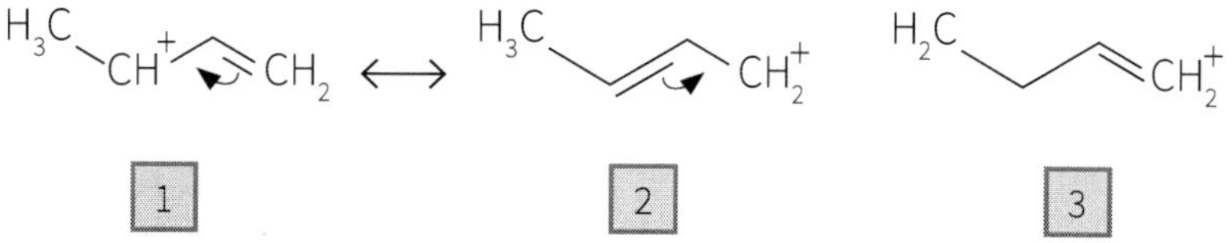

$H_3C-CH^+-CH_2 \longleftrightarrow H_3C-CH_2-CH_2^+ \qquad H_2C=CH-CH_2^+$

1   2   3

Nota: [1] Estrutura que produz ressonância.

As estruturas 1 e 2 são formas de ressonância. Já a estrutura 3 não pode ser considerada uma estrutura de ressonância, uma vez que, para formá-la, um hidrogênio precisa ser removido, o que não é permitido nesse caso. Ademais, a carga estaria muito distante da dupla ligação e não contribuiria para a estabilização do híbrido.

Outro exemplo que podemos analisar para melhor elucidar o conceito de ressonância é **nitrometano** (CH_3NO_2). Quando desenhamos a estrutura de Lewis para esse composto, vemos ligação dupla para um átomo de oxigênio e ligação simples para o outro átomo de oxigênio. Mas como saber qual oxigênio deve estar com a ligação simples e qual deve estar com a ligação dupla?

Na verdade, os oxigênios são equivalentes no nitrometano, mesmo que pareçam ter alguma diferença quanto às estruturas de Lewis. Ambas as ligações nitrogênio-oxigênio apresentam comprimento igual a 122 picnômetros (pm), um valor intermediário entre o comprimento típico de uma ligação simples (N–O, 130 pm) e de uma ligação dupla (N=O, 116 pm). Em outras palavras, nenhuma das duas estruturas para o nitrometano é correta por si mesma; a estrutura verdadeira é a intermediária entre as duas.

Figura 1.8 – Formas de ressonância para o nitrometano

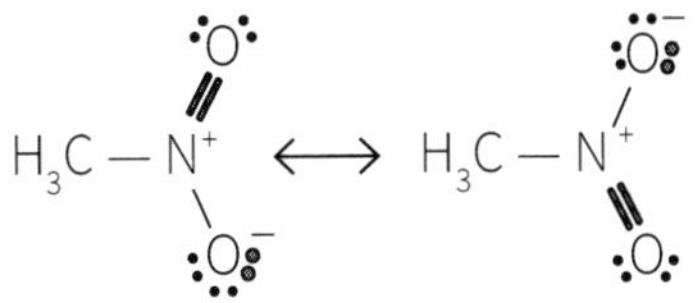

$$H_3C - N^+ \begin{matrix} \|O \\ \backslash O^- \end{matrix} \longleftrightarrow H_3C - N^+ \begin{matrix} /O^- \\ \|O \end{matrix}$$

Assim, as duas estruturas de Lewis para o nitrometano são denominadas *formas de ressonância*. Essa relação ressonante é indicada por uma seta de duas pontas (⟷) entre ambas. A única diferença entre as formas de ressonância é a distribuição dos elétrons de valência, dos elétrons das ligações duplas e dos elétrons não ligantes, em destaque na Figura 1.8. No geral, os átomos ocupam exatamente o mesmo lugar nas duas formas ressonantes, e as conexões entre os átomos também são as mesmas.

A melhor maneira de pensar sobre as formas de ressonância é reconhecer que uma molécula como o nitrometano não é diferente de qualquer outra. O nitrometano não alterna de uma forma ressonante para outra, passando a maior parte do tempo se parecendo com uma e o restante do tempo se parecendo com outra. Em vez disso, tem uma única estrutura que não muda, denominada *híbrido de ressonância* das duas formas individuais, e que apresenta as características de ambas as formas.

Ao examinarmos estruturas de outros compostos orgânicos com ressonância, percebemos, por exemplo, que são equivalentes as 6 ligações carbono-carbono nos compostos aromáticos, como o benzeno (C_6H_6), apresentado na figura a seguir. Esse composto é representado como um híbrido de duas formas de ressonância. Embora cada forma de ressonância individual pareça demonstrar que o benzeno tem ligações duplas e simples alternadas, nenhuma delas é correta. A verdadeira estrutura do benzeno tem todas as ligações carbono-carbono equivalentes.

Figura 1.9 – Formas de ressonância para o benzeno

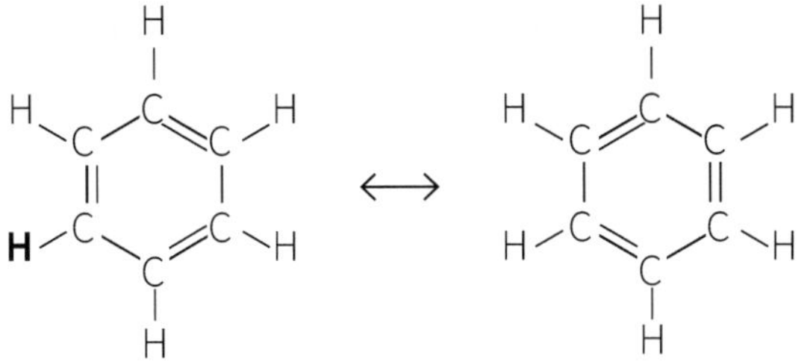

Por fim, é preciso ter em mente que outros tipos de ressonância existem e que diferentes substâncias podem ser formadas não sendo equivalentes. Um caso que nos permite verificar essa condição é o da acetona (propan-2-ona – C_3H_6O), um solvente industrial que, se convertido em seu ânion por meio da reação com uma base forte, apresenta duas formas de ressonância (um híbrido com caraterísticas de função cetona e outro híbrido com características de enol). Vejamos a figura seguinte.

Figura 1.10 – Formas de ressonância para a acetona

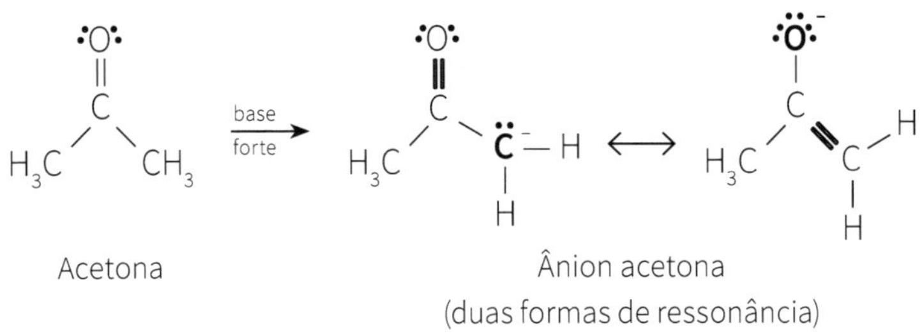

Acetona   Ânion acetona
(duas formas de ressonância)

Na Figura 1.10, a primeira estrutura aniônica observada contém uma ligação dupla carbono-oxigênio e carga negativa sobre o átomo de carbono. Já a segunda estrutura apresenta uma ligação dupla carbono-carbono e uma carga negativa sobre o átomo de oxigênio. Embora as duas formas de ressonância não sejam equivalentes, ambas contribuem para o híbrido de ressonância global.

No caso da molécula de acetona, em que observamos duas formas de ressonância não equivalentes, podemos esperar que a estrutura verdadeira do híbrido mais estável seja aquela cuja carga negativa se localize sobre o átomo de oxigênio, mais eletronegativo que o átomo de carbono.

1.4 Influência da isomeria nas propriedades químicas de compostos orgânicos

Normalmente, são as propriedades físico-químicas – ponto de fusão, ponto de ebulição, solubilidade, entre outras – as mais destacáveis quando avaliamos compostos. No entanto, as características químicas de alguns compostos orgânicos também são de grande interesse, visto que pequenas alterações em suas estruturas podem levar a compostos completamente diferentes e com propriedades de reação distintas. O nome dado a compostos com mesma fórmula molecular, mas com diferentes organizações de seus átomos, é ***isômero***.

Para que você entenda melhor, inicialmente, vamos considerar um exemplo com a propan-2-ona, comumente chamada de *acetona*, e o óxido de propileno. A propan-2-ona é um solvente orgânico para tintas e é muito usado na remoção do esmalte de unhas; já o óxido de propileno é utilizado na produção de polímeros como o poliuretano e de espessantes e estabilizantes para alimentos como a cerveja. A fórmula molecular de ambos é C_3H_6O, contudo sua estrutura tridimensional é bem diferente, conforme podemos observar na figura a seguir.

Figura 1.11 – Estruturas da acetona e do óxido de propileno

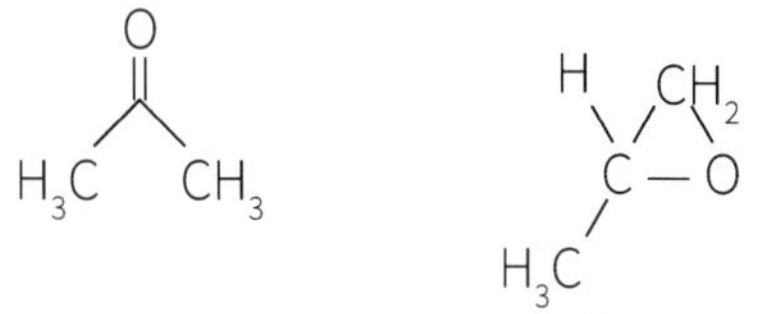

Acetona

Óxido de propileno

Os dois compostos formam o que se chama de *isômeros constitucionais*, e a diferença ocorre na sequência em que seus átomos estão unidos. Geralmente, a diferença de ligação entre os átomos leva cada composto a apresentar diferentes propriedades físicas (por exemplo, ponto de fusão, ponto de ebulição e massa específica) e propriedades químicas (como reatividade).

1.5 Forças intermoleculares

No estado físico de um composto, principalmente líquido ou sólido, nos quais as moléculas estão mais próximas umas das outras, as forças de interação que mantêm tais moléculas unidas são de elevada importância.

Por isso, a seguir, analisaremos cinco tipos de forças de interação conhecidas.

1.5.1 Força íon-dipolo

Ocorre quando íons são adicionados em solventes polares, como a água. Nesse caso, os cátions ficam em contato com o polo negativo das moléculas do solvente, e ânions, com o polo positivo. Esse tipo de força é dito como *interação forte*.

A seguir, temos a representação da interação íon-dipolo (linhas tracejadas) quando os íons do sal (NaCl) dissolvem-se em água.

Figura 1.12 – Força íon-dipolo quando íons do sal (NaCl) se dissolvem em água

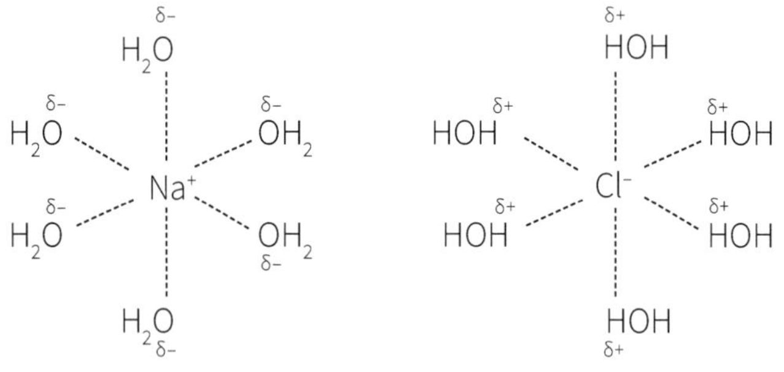

$$
\begin{array}{cc}
\overset{\delta-}{H_2O} & \overset{\delta+}{HOH} \\
\overset{\delta-}{H_2O} \cdots \overset{}{\underset{Na^+}{}} \cdots \overset{\delta-}{OH_2} & \overset{\delta+}{HOH} \cdots \overset{}{\underset{Cl^-}{}} \cdots \overset{\delta+}{HOH} \\
\overset{\delta-}{H_2O} & \overset{\delta-}{OH_2} & \overset{\delta+}{HOH} & \overset{\delta+}{HOH} \\
\underset{\delta-}{H_2O} & & \underset{\delta+}{HOH} &
\end{array}
$$

1.5.2 Força dipolo-dipolo

Ocorre quando moléculas com dipolos definidos interagem (exemplo: o 1,2-dicloroeteno puro – $C_2H_2Cl_2$). É uma interação considerada *moderadamente forte*.

A seguir, temos a representação da força dipolo-dipolo (linhas tracejadas) entre as moléculas de 1,2-dicloroetano.

Figura 1.13 – Força dipolo-dipolo (linhas tracejadas) entre as moléculas de 1,2-dicloroetano

$$\begin{array}{c}
\text{H} \quad\quad \text{H} \quad\quad\quad \text{H} \quad\quad \text{H} \\
\backslash \quad / \;{}^{\delta+} \;\; {}^{\delta-}\; \backslash \quad / \\
\text{Cl} - \text{C} - \text{C} - \text{H} \cdots \text{Cl} - \text{C} - \text{C} - \text{H} \\
{}^{\delta+}/ \quad \backslash {}^{\delta-} \quad\quad\quad / \quad \backslash \\
\text{H} \quad\quad \text{Cl} \quad\quad \text{H} \quad\quad \text{Cl}_{\delta-} \\
\vdots \quad\quad\quad {}^{\delta+} \quad {}^{\delta+} \\
\text{H} \quad \text{H} \\
{}^{\delta-}\backslash \quad / \\
\text{Cl} - \text{C} - \text{C} - \text{H} \\
/ \quad \backslash \\
\text{H} \quad\quad \text{Cl}
\end{array}$$

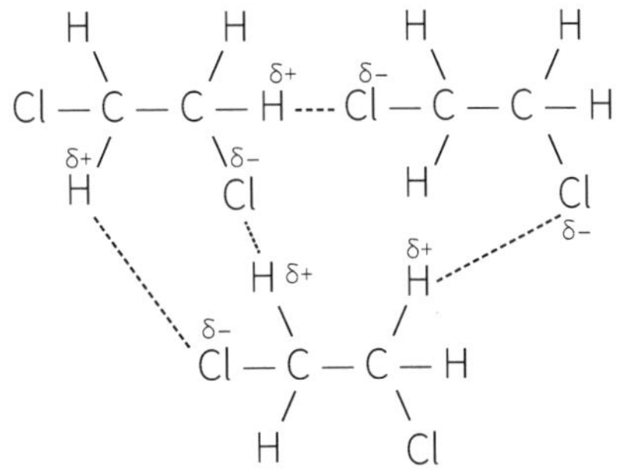

1.5.3 Força dipolo-dipolo induzido

Ocorre quando há uma molécula apolar em meio a um solvente polar, no qual um polo é induzido na molécula apolar pela presença de cargas do solvente. É uma força considerada fraca.

Como exemplo, podemos citar a interação entre as moléculas polares da água e as apolares do gás oxigênio.

Figura 1.14 – Força de interação entre as moléculas polares da água e as moléculas apolares do gás oxigênio

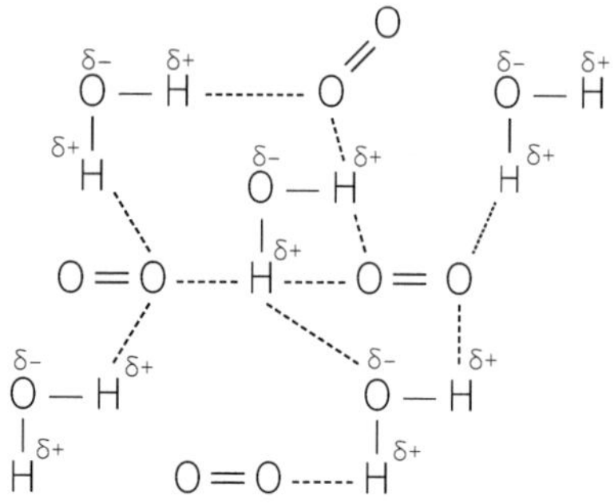

$$\begin{array}{c}
\overset{\delta-}{O}-\overset{\delta+}{H}\cdots\cdots O \overset{\displaystyle\|}{} \quad \overset{\delta-}{O}-\overset{\delta+}{H} \\
\overset{\delta+}{H} \quad \overset{\delta-}{O}-\overset{\delta+}{H} \quad \overset{\delta+}{H} \\
O=O\cdots\cdots \overset{}{H}\cdots\cdots O=O \\
\overset{\delta-}{O}-\overset{\delta+}{H} \quad \overset{\delta-}{O}-\overset{\delta+}{H} \\
\overset{\delta+}{H} \quad O=O\cdots\cdots \overset{\delta+}{H}
\end{array}$$

1.5.4 Força dipolo induzido-dipolo induzido

Ocorre quando moléculas apolares estão presentes e induzem dipolos entre si para que permaneçam unidas, ou seja, quando há um desequilíbrio momentâneo na distribuição eletrônica. Para esse tipo de força acontecer, as moléculas devem estar muito próximas. É uma interação considerada fraca, também conhecida como *forças de dispersão de London* ou *forças de Van der Waals*.

A seguir, temos a representação da força dipolo induzido-dipolo induzido (linhas tracejadas) entre átomos de oxigênio.

Figura 1.15 – Força dipolo induzido-dipolo induzido entre átomos de oxigênio

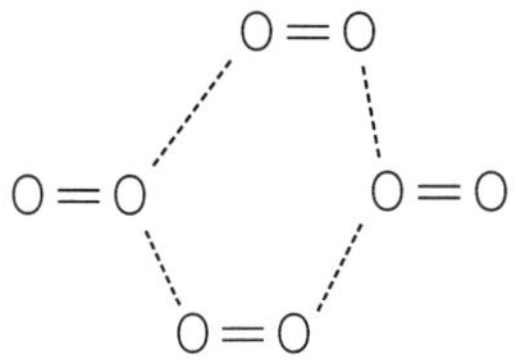

$$
\begin{array}{c}
O=O \\
O=O \quad O=O \\
O=O
\end{array}
$$

1.5.5 Ligação de hidrogênio

Ocorre em moléculas que contêm hidrogênios e um átomo de elevada eletronegatividade, como oxigênio, flúor ou nitrogênio (N). O par de elétrons dos átomos eletronegativos atrai o átomo de hidrogênio da vizinhança, o qual pode ser de outras moléculas ou da mesma molécula. Essa interação é tão forte (de 8 kJ mol^{-1} a 40 kJ mol^{-1}) que recebe o nome de *ligação de hidrogênio*.

A seguir, temos uma imagem da ligação de hidrogênio (linha tracejada).

Figura 1.16 – Ligação de hidrogênio entre moléculas de água e de ácido fluorídrico

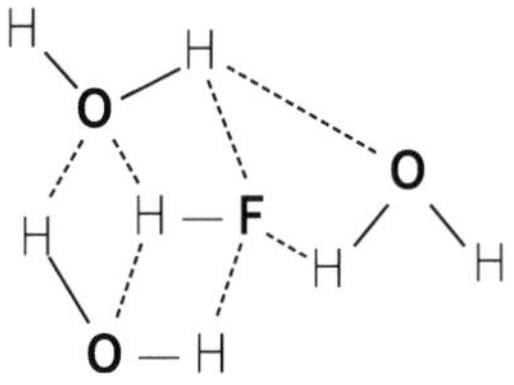

1.6 Solubilidade dos compostos

Conforme discutimos anteriormente, as ligações presentes nos sólidos e nos líquidos são mantidas por forças intermoleculares. Durante processos de dissolução desses materiais, tais forças são rompidas e novas interações são criadas, ou seja, as interações soluto-soluto são desfeitas e surgem as interações soluto-solvente. No geral, há uma regra que diz que "semelhante dissolve semelhante", o que revela que compostos polares tendem a se dissolver em solventes polares, e compostos apolares, em solventes apolares.

Para verificar isso, um exemplo interessante é o caso da dissolução de álcoois em água. Afinal, um álcool tem a molécula (OH) em sua estrutura, além de carbonos e hidrogênios, o que facilita a solubilização em água, grupo que favorece o aparecimento de ligações de hidrogênio. Contudo, isso só acontece com um álcool de cadeia hidrocarbônica pequena, como o etanol (C_2H_5OH), pois, à medida que o tamanho da cadeia carbônica aumenta, a solubilidade cai significativamente – e esse decréscimo na solubilidade decorre da presença de uma longa cadeia de carbono e hidrogênio com interação dipolo induzido-dipolo induzido predominante.

A grande parte apolar é chamada de *parte lipofílica da estrutura* e melhor se dissolve em solventes apolares, como o hexano (C_6H_{14}) ou a gasolina. Mesmo que exista um grupo hidrofílico, isto é, "amigo da água", ele se torna ineficiente para garantir a solubilidade de uma cadeia muito grande.

A seguir, a Tabela 1.3 apresenta valores de solubilidade de álcoois com diferentes tamanhos de cadeias.

Tabela 1.3 – Valores de solubilidade de álcoois

Número de carbonos na cadeia	Nome do álcool	Estrutura molecular	Valor de solubilidade em água
4	Butanol	OH–CH$_2$–CH$_2$–CH$_2$–CH$_3$	7,9 g/100 mL
5	Pentanol	OH–CH$_2$–CH$_2$–CH$_2$–CH$_2$–CH$_3$	2,3 g/100 mL
11	Undecanol	OH–(CH$_2$)$_{10}$–CH$_3$	0,00057 g/100 mL

Síntese

Neste capítulo, apresentamos conceitos essenciais de química. Com eles, é possível utilizar a tabela periódica e o diagrama de distribuição eletrônica para obter o número de elétrons de valência que um átomo tem em seu estado neutro ou como um íon. É válido ressaltar que são os elétrons de valência os responsáveis por estabelecer ligações.

Também abordamos as estruturas de Lewis para os compostos, as quais, dependendo dos elétrons ligantes e não ligantes, podem formar diferentes geometrias moleculares.

Além disso, destacamos que, ao comparar as eletronegatividades de elementos, é possível prever qual tipo de ligação pode ocorrer: iônica ou covalente.

Ainda, tratamos da determinação da carga formal de um átomo ou íon, das formas de ressonância e do tipo de interação intermolecular que pode acontecer entre as moléculas de um mesmo material ou quando este é solubilizado.

Atividades de autoavaliação

1. A respeito do elemento cálcio (Ca), é correto afirmar que:
   a) é um metal alcalinoterroso da Família 2A da tabela periódica; tende a formar cátion bivalente em ligações iônicas.
   b) tem a seguinte configuração eletrônica da camada de valência: $1s^2 2s^2 2p^6 3s^2 3p^6$.
   c) em uma ligação com íons do grupo dos halogênios, faz ligação do tipo covalente.
   d) consegue liberar até 3 elétrons da camada de valência para formar ligações estáveis.
   e) Nenhuma das alternativas está correta.

2. O ozônio (O_3) é um gás muito importante para a vida na Terra, uma vez que, na alta atmosfera, forma uma "capa" protetora ao redor do planeta, impedindo que quantidades excessivas de radiação cheguem até a superfície. Essa molécula é um híbrido de ressonância [O = O = O].

Com base nessas informações, assinale a alternativa que contém a descrição das estruturas que formam esse híbrido de ressonância e os valores da carga formal dos átomos de oxigênio em cada estrutura:

a) $\ddot{\text{O}} - \ddot{\text{O}} - \ddot{\text{O}}{:} \leftrightarrow \ddot{\text{O}} - \text{O} = \ddot{\text{O}}{:}$; carga formal dos oxigênios +1, 0, −1 para a estrutura da esquerda, e −1, +1, 0 para a estrutura da direita.

b) ${:}\ddot{\text{O}} - \ddot{\text{O}} = \ddot{\text{O}} \leftrightarrow {:}\ddot{\text{O}} - \ddot{\text{O}} = \ddot{\text{O}}$; carga formal dos oxigênios +1, 0, −1 para a estrutura da esquerda, e −1, +1, 0 para a estrutura da direita.

c) $\ddot{\text{O}} - \ddot{\text{O}} - \ddot{\text{O}}{:} \leftrightarrow \ddot{\text{O}} - \ddot{\text{O}} - \ddot{\text{O}}{:}$; carga formal dos oxigênios +1, 0, −1 para a estrutura da esquerda, e −1, +1, 0 para a estrutura da direita.

d) $\ddot{\text{O}} = \ddot{\text{O}} - \ddot{\text{O}}{:} \leftrightarrow {:}\ddot{\text{O}} - \ddot{\text{O}} = \ddot{\text{O}}$; carga formal dos oxigênios 0, +1, −1 para a estrutura da esquerda, e −1, +1, 0 para a estrutura da direita.

e) Nenhuma das alternativas está correta.

3. Se o cis-1,2-dicloroeteno é uma molécula polar, é possível afirmar que:
   a) consegue facilmente solubilizar tanto moléculas polares quanto apolares.
   b) por ter um átomo mais eletronegativo, faz ligação de hidrogênio.
   c) por ter uma cadeia de carbono e hidrogênio, faz interações do tipo forças de London.
   d) solubiliza compostos polares, pois semelhante dissolve semelhante.
   e) Nenhuma das alternativas está correta.

4. Assinale a alternativa que contém a ordem decrescente de solubilidade em água:
   a) $CH_3CH_2OH > CH_3CH_2CH_2CH_2OH > CH_3CH_2CH_2CH_2CH_3$
   b) $CH_3CH_2CH_2CH_2OH > CH_3CH_2OH > CH_3CH_2CH_2CH_2CH_3$
   c) $CH_3CH_2CH_2CH_2OH > CH_3CH_2CH_2CH_2CH_3 > CH_3CH_2OH$
   d) $CH_3CH_2CH_2CH_2CH_3 > CH_3CH_2CH_2CH_2OH > CH_3CH_2OH$
   e) $CH_3CH_2CH_2CH_2CH_3 > CH_3CH_2OH > CH_3CH_2CH_2CH_2OH$

5. No cálculo da carga formal em cada um dos átomos da estrutura de Lewis do cloreto de tionila ($SOCl_2$), encontra-se:

   a) S = 0, O = 0, Cl = 0.
   b) S = –1, O = –1, Cl = 0.
   c) S = +1, O = +1, Cl = 0.
   d) S = –1, O = +1, Cl = 0.
   e) S = 0, O = –1, Cl = +1.

Atividades de aprendizagem
Questões para reflexão

1. A deficiência de vitaminas como B_2 e D pode causar sérios problemas à saúde. Faça uma pesquisa e relacione os principais problemas possíveis. Em seguida, observe as estruturas químicas das vitaminas e aponte qual delas é a mais lipossolúvel (solúvel em gordura).

2. Pesquise e forneça a estrutura dos solventes etanol, ácido etanoico (ácido acético), propan-2-ona (acetona), hexano, cicloexano e glicerol. Na sequência, resolva os itens a seguir:
   a) Em um processo de extração de gordura, avalie qual deles seria mais eficiente.
   b) Demonstre as ligações de hidrogênio entre o etanol e a acetona.
   c) Indique qual solvente pode formar ligações de hidrogênio dentro da própria estrutura (intramolecular).
   d) Proponha as estruturas de ressonância para o ácido acético.

Atividade aplicada: prática

1. Faça o fichamento bibliográfico dos principais assuntos abordados neste capítulo, comentando os resumos.

Capítulo 2

Estrutura das cadeias carbônicas*

* Este capítulo foi elaborado com base em Usberco; Salvador (2014).

Neste capítulo, apresentaremos a interpretação das ligações envolvidas nos compostos orgânicos. Abordaremos, ainda, a teoria estrutural dos elementos das cadeias carbônicas.

Para tratarmos desses tópicos, discutiremos o reconhecimento dos elementos organógenos, a teoria estrutural dos elementos nos compostos orgânicos e a interpretação das ligações envolvidas nesses compostos (ligação iônica e ligação covalente).

Por fim, vamos analisar o átomo de carbono sob os seguintes aspectos: hibridação sp^3, sp^2, sp, ligações *sigma* (σ) e ligações *pi* (π).

2.1 Elementos organógenos

São aqueles formadores de matéria orgânica que contêm, além de átomos de carbono (C), os elementos hidrogênio (H), oxigênio (O), enxofre (S) e nitrogênio (N).

O fator que torna o elemento carbono tão atrativo para ligações pode ser explicado por meio de sua **posição na tabela periódica**: **no centro do segundo período dos elementos**. Elementos antecedentes a essa posição (à sua esquerda) têm a tendência de doar elétrons; já os elementos à sua direita tendem a receber elétrons. Como o carbono está no meio, ele não doa nem recebe elétrons, mas pode compartilhar elétrons com átomos de hidrogênio, oxigênio, nitrogênio, halogênios (flúor – F, cloro – Cl, bromo – Br, iodo – I) e enxofre. Assim, é capaz de formar milhões de substâncias estáveis, com grande variedade de propriedades. Por esse motivo é importante aprofundarmos o conhecimento sobre os elementos organógenos.

Com a queda da **teoria do vitalismo** no século XIX, a qual dizia que os compostos orgânicos eram somente aqueles provenientes de organismos vivos e que apenas seres vivos poderiam sintetizá-los, surgiu a química orgânica. Friedrich Wohler, em 1828, obteve ureia (diaminometanal – CH_4N_2O), composto presente na urina de mamíferos, por meio do aquecimento de um composto inorgânico, o cianato de amônio, derrubando definitivamente a teoria do vitalismo.

Figura 2.1 – Síntese da ureia a partir do cianato de amônio

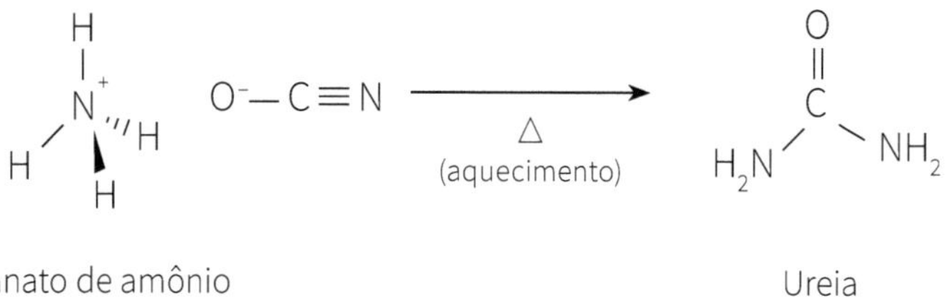

Cianato de amônio → Ureia

Contudo, o termo *orgânico* até hoje é usado para dar ênfase à origem natural dos elementos (por exemplo, *fertilizante orgânico*).

Atualmente, em se tratando da ciência, um dos ramos da química que estuda substâncias oriundas de organismos vivos é a química dos produtos naturais. Já a química orgânica é mais generalista, abrangendo desde moléculas naturais que tornam a vida possível – como proteínas, enzimas, lipídios, carboidratos e ácidos nucleicos –, passando pelas reações que ocorrem em nossos organismos até os compostos obtidos sinteticamente – como tecidos sintéticos, plásticos, borracha sintética, medicamentos, filme fotográfico e supercolas.

2.2 Teoria estrutural dos elementos nos compostos orgânicos

Os estudiosos da química orgânica adotam uma variedade de modos para escrever as fórmulas estruturais de moléculas. Entre as mais comuns, há os modelos que usam esfera e bastão, fórmula de traços, fórmula condensada e estrutura em bastão. Algumas vezes, omitem-se os pares isolados de elétrons quando são escritas as fórmulas. Entretanto, ao escrever reações químicas, é necessário incluir esses pares isolados quando eles participam da reação.

Figura 2.2 – Representação estrutural da propan-2-ona (acetona)

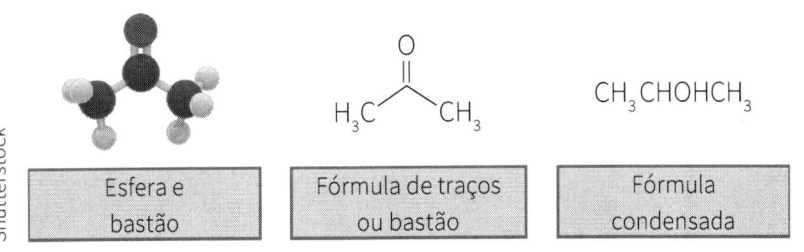

Esfera e bastão	Fórmula de traços ou bastão	Fórmula condensada
	$H_3C{\overset{\overset{O}{\|\|}}{C}}CH_3$	CH_3COHCH_3

Uma maneira de representar ligações em química orgânica é utilizando as chamadas *estruturas de Lewis*, nas quais os pontos ao redor do símbolo do elemento químico indicam os pares de elétrons da camada de valência que formam a ligação. Além disso, apresentam-se os elétrons que não participam da ligação, chamados de *elétrons não ligantes*. Outra forma de representar essas ligações é utilizar traços no lugar dos pares de elétrons que formam a ligação, as chamadas *estruturas de Kekulé*.

Vejamos, a seguir, uma forma sistemática de escrever as estruturas de Lewis.

Forma de escrita das estruturas de Lewis

1. A fórmula molecular é determinada experimentalmente e fornecida.
2. De acordo com a fórmula molecular, conte o número de elétrons de valência.
3. Pense na possível conectividade dos elementos para que os átomos do composto venham a ter sua camada de valência completa. Conecte os átomos ligados por um par de elétrons compartilhados (:) com um traço (–).
4. Conte o número de elétrons das ligações e subtraia esse valor do total de elétrons de valência para dar o número de elétrons restantes a serem adicionados.
5. Adicione elétrons aos pares para que o máximo possível de átomos tenha 8 elétrons. Geralmente, é melhor começar com o átomo mais eletronegativo (o hidrogênio é limitado a 2 elétrons). Sob nenhuma circunstância, um elemento do segundo período, como carbono, nitrogênio ou oxigênio, tem mais de 8 elétrons de valência.
6. Calcule as cargas formais.

Como exemplo, vejamos o caso a seguir.

Tanto o etanol quanto o éter dimetílico têm fórmula molecular C_2H_6O.

No C_2H_6O, cada hidrogênio contribui com 1 elétron de valência, cada carbono contribui com 4 elétrons de valência e o oxigênio contribui com 6 elétrons de valência de um total de 20. O oxigênio e os dois carbonos estão ligados na ordem CCO no etanol e COC no éter dimetílico. A conectividade e o fato de que o carbono geralmente tem quatro ligações em moléculas neutras permitem ligar os hidrogênios para completar a estrutura do etanol e do éter dimetílico.

Figura 2.3 – Estruturas das moléculas do etanol e do éter dimetílico somente com os pares ligantes de elétrons

```
      H   H                      H       H
      |   |                      |       |
  H — C — C — OH             H — C — O — C — H
      |   |                      |       |
      H   H                      H       H

       Etanol                  Éter dimetílico
```

Ao contar as ligações das fórmulas estruturais da figura anterior, chegaremos ao total de 8 ligações, que representam 16 elétrons. Como o C_2H_6O contém 20 elétrons de valência, é necessário adicionar mais 4 elétrons. Os 2 carbonos já têm octetos completos na estrutura ilustrada. Os 4 elétrons restantes são adicionados a cada oxigênio como 2 pares não compartilhados (4 pontos sobre o átomo de oxigênio) para completar seu octeto. Desse modo, as estruturas de Lewis finais são estas, demonstradas na Figura 2.4.

Figura 2.4 – Estruturas das moléculas do etanol e do éter dimetílico com os pares não ligantes de elétrons

$$\begin{array}{cc} H & H \\ | & | \\ H-C-C-\ddot{\underset{\cdot\cdot}{O}}H \\ | & | \\ H & H \end{array} \qquad \begin{array}{cc} H & H \\ | & | \\ H-C-\ddot{\underset{\cdot\cdot}{O}}-C-H \\ | & | \\ H & H \end{array}$$

A fim de confirmar se essas estruturas são as mais estáveis, podemos fazer o cálculo da carga formal (CF) para cada átomo com a seguinte equação:

$$CF = V - \left(NL + \frac{1}{2}L\right)$$

Tabela 2.1 – Elétrons da estrutura de Lewis do etanol

Átomo	Número de elétrons de valência do átomo livre	Número de elétrons não ligantes	Número de elétrons das ligações	Carga formal
H	1	0	2	0
O	6	4	4	0
C	4	0	8	0

Tabela 2.2 – Elétrons da estrutura de Lewis do éter dimetílico

Átomo	Número de elétrons de valência do átomo livre	Número de elétrons não ligantes	Número de elétrons das ligações	Carga formal
H	1	0	2	0
O	6	4	4	0
C	4	0	8	0

Pelos valores de CF obtidos, podemos perceber que as estruturas propostas são as mais estáveis para os compostos etanol e éter dimetílico.

A seguir, vamos observar as estruturas de Lewis e Kekulé para as moléculas mais simples de água e metano.

Figura 2.5 – Ligações covalentes para a molécula de água (H_2O) e metano (CH_4)

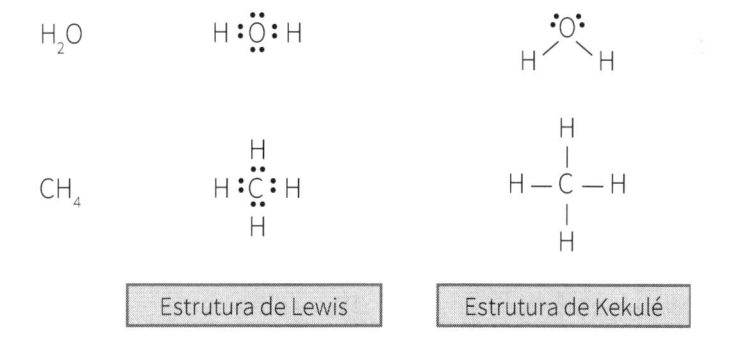

H_2O H :Ö: H   ·Ö·
                              H   H

CH_4 H   H
             H :C: H   H — C — H
                 H   H

| Estrutura de Lewis | Estrutura de Kekulé |

No geral, percebemos que é imprescindível saber a configuração eletrônica de cada elemento que forma o composto para que seja possível representar corretamente os elétrons envolvidos na ligação e os elétrons não ligantes, uma vez que são os elétrons da camada de valência os responsáveis pela geometria assumida pela molécula.

Uma teoria que ajuda na predição das geometrias é o modelo de repulsão dos pares de elétrons na camada de valência (RPECV, ou VSEPR em inglês). Nessa teoria, consideram-se os seguintes pontos:

- As moléculas (ou íons) às quais o átomo central está ligado covalentemente a dois ou mais átomos ou grupos.
- Todos os pares de elétrons de valência do átomo central — tanto os compartilhados nas ligações covalentes, chamados de *pares ligantes*, quanto aqueles que não estão compartilhados, denominados *pares não ligantes*.
- Os pares de elétrons repelem-se e tendem a ficar o mais afastados possível um do outro. A repulsão entre os pares isolados é geralmente maior do que entre os pares ligantes.
- A geometria da molécula, que deve ser descrita conforme as posições dos núcleos (ou átomos), e não por meio das posições dos pares de elétrons.

Conforme apresentamos na tabela a seguir, chegamos às seguintes geometrias das moléculas e dos íons a segundo a teoria RPECV.

Tabela 2.3 – Geometria das moléculas e dos íons segundo a teoria RPECV

Número de pares de elétrons no átomo central			Forma da molécula ou do íon	Exemplo
Ligantes	Isolados	Total		
2	0	2	Linear	BeH_2
3	0	3	Trigonal	BF_3
4	0	4	Tetraédrica	CH_4, NH_4^+
3	1	4	Piramidal trigonal	NH_3
2	2	4	Angular	H_2O

A seguir, temos a representação das geometrias moleculares dos exemplos citados na tabela anterior.

Figura 2.6 – Tipos de geometrias moleculares

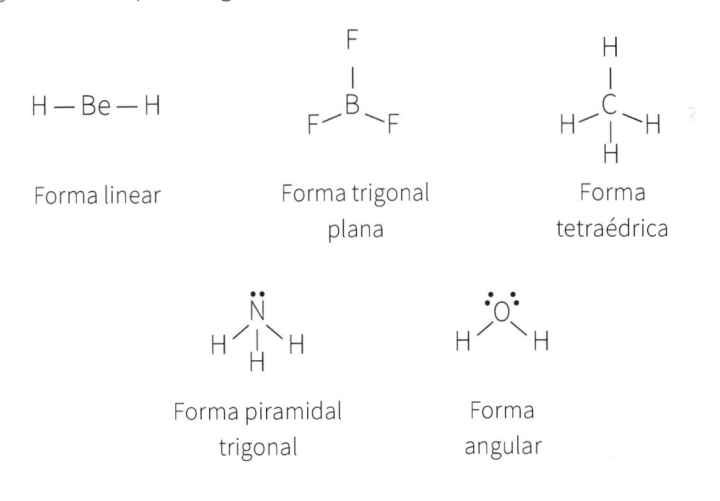

H — Be — H

Forma linear

F
|
B
/ \
F   F

Forma trigonal plana

```
    H
    |
H — C — H
    |
    H
```

Forma tetraédrica

```
    ..
    N
   /|\
  H | H
    H
```

Forma piramidal trigonal

```
   ..
   O
  / \
 H   H
```

Forma angular

Ao pensar em átomos ou moléculas orgânicas, é preciso avaliar a capacidade de essa estrutura assumir carga. Portanto, é necessário tratarmos dos ácidos e das bases, uma vez que, em química orgânica, muitas reações ocorrem com rompimento e formação de novas ligações, regidas com base nessas definições.

Inicialmente, podemos falar em ácido e base segundo a **definição de Arrhenius**, na qual um ácido libera H^+ e uma base libera OH^- em água. Contudo, essa teoria é muito simples e limita-se a ambientes aquosos, que, muitas vezes, não estão presentes em química orgânica. Por esse motivo, novas teorias foram desenvolvidas para aprimorar esses conceitos. Entre elas, há as teorizações citadas a seguir.

2.2.1 Teoria de Bronsted-Lowry

Desenvolvida independentemente por Johannes N. Bronsted e Thomas M. Lowry em 1923. Nessa teoria, o **ácido de Bronsted-Lowry** é uma substância que pode doar (ou perder) um próton, e a **base de Bronsted-Lowry** é uma substância que pode receber (ou remover) um próton.

Como exemplo geral da reação ácido-base, temos:

:B + H — A ↔ H — B + A:

Base + Ácido ↔ Ácido conjugado + Base conjugada

A dissolução da amônia pode ser um exemplo dessa reação:

$:NH_3 + H_2O \leftrightarrow NH_4^+ + OH^-$

Destacamos que **não é necessário que um composto tenha carga para se comportar como base**; basta apresentar um par de elétrons não ligantes, como ocorre com as moléculas que contêm átomos de oxigênio ou nitrogênio.

Quanto à força, diferentemente dos ácidos orgânicos, os ácidos inorgânicos, em sua maioria, têm elevada capacidade de liberar íons H⁺ e são ditos *fortes*. Além disso, dependem do equilíbrio químico que ocorre em solução. Nesse equilíbrio químico, os produtos formados pela reação química podem rearranjar-se e voltar a formar os respectivos reagentes iniciais.

Assim, é possível afirmar que a reação encontrou o equilíbrio quando a velocidade da reação de formação dos produtos, chamada de *reação direta*, tem a mesma velocidade da reação de formação dos reagentes, denominada *reação indireta*.

A constante de acidez (Ka) representa essa situação:

$H_2O(l) + HA(aq) \leftrightarrow H_3O^+(aq) + :A^-(aq)$

Nesse caso, o ácido transfere o próton para a molécula de água, que se comporta como uma base de Bronsted-Lowry. Para uma solução diluída, a constante de acidez pode ser dada pela equação a seguir:

$$Ka = \frac{[H_3O+][:A-]}{[H_2O][HA]}$$

Como a concentração da água é constante, temos:

$$Ka = K[H_2O] = \frac{[H_3O+][:A-]}{[HA]}$$

Como os valores da constante de acidez variam em uma faixa muito grande, é comum a utilização do valor de seu cologaritmo, pKa, dado pela relação:

pKa = −log · Ka

Um ácido é mais forte quanto mais ionizado estiver no meio aquoso, o que, segundo a equação, significa que existe maior concentração do íon hidrônio (H_3O^+) e, por consequência, um maior valor de Ka (ou menor de pKa).

Por exemplo: a água tem Ka de 1,8 · 10^{-16} (pKa = 15,6); já a amônia tem Ka = 10^{-36} (pKa = 36). Logo, mesmo sendo um ácido fraco, a água é mais forte que a amônia.

De maneira geral, afirmamos que mais ácido é o composto orgânico cujos hidrogênios ácidos estão ligados ao oxigênio e ao nitrogênio. De acordo com os grupos funcionais, a ordem crescente de acidez é: ácido carboxílico, fenol, amida, álcool e amina.

2.2.2 Teoria de Lewis

Diferentemente da teoria de Bronsted-Lowry, que se limita à presença de próton, Lewis definiu por **base** toda molécula que apresenta par de elétrons não ligantes livres para compartilhar com outra espécie em uma reação química, e por **ácido** a espécie capaz de aceitar esses pares de elétrons, como cátions, espécies deficientes em elétrons, como H⁺ (cátion hidrogênio), Mg^{2+} (cátion magnésio), e espécies neutras com orbitais disponíveis como BF_3 (fluoreto de boro), $FeCl_3$ (cloreto de ferro 3), entre outras.

A seguir, na Figura 2.7, vejamos um exemplo de uma reação ácido-base de Lewis entre a amônia (NH_3) e o trifluoreto de boro (BF_3). Nessa reação, o nitrogênio da amônia tem um par de elétrons não ligantes que se comportam como base de Lewis; já o boro tem somente 6 elétrons na camada de valência, com espaço para mais 2 elétrons em seu orbital de ligação, atuando como ácido de Lewis.

Figura 2.7 – Reação ácido-base de Lewis entre a amônia (NH_3) e o trifluoreto de boro (BF_3)

$$H_2\ddot{N}-H + BF_3 \longrightarrow H_3N^+-B^-F_3$$

| Base de Lewis | Ácido de Lewis |

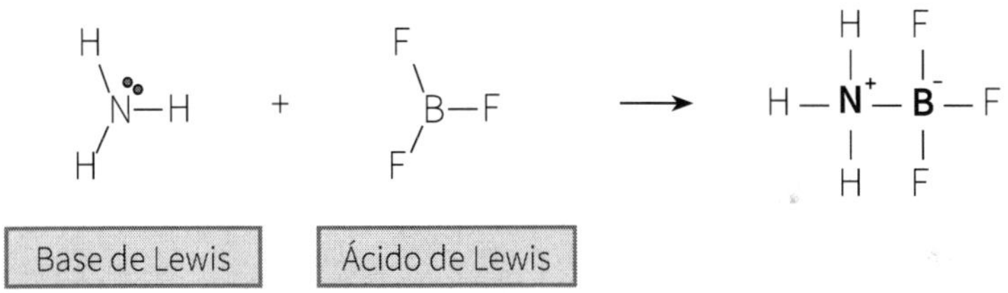

O produto formado é um composto neutro, contudo o nitrogênio assume uma carga formal positiva, e o boro, uma carga formal negativa.

Assim, tratando-se da estrutura dos compostos orgânicos, as definições a seguir são conhecidas para ácidos e bases.

2.2.2.1 Ácidos orgânicos

Ácidos orgânicos são compostos que apresentam, em sua estrutura carbônica, o grupo hidroxila (–OH) ou o grupo carbonila

(C=O). Como exemplos de compostos com –OH, podemos citar o metanol (CH_3OH) e o ácido etanoico (ácido acético – CH_3COOH), os quais podem liberar o átomo de hidrogênio polarizado positivamente ligado ao oxigênio da hidroxila. Contudo, compostos como a propan-2-ona (acetona – C_3H_6O) também são considerados ácidos, pois podem liberar um átomo de hidrogênio ligado ao carbono vizinho do átomo de carbono do grupo carbonila. Ao observar os valores de pKa desses compostos, podemos perceber que o valor de pKa = 4,76 do ácido acético é o menor valor se comparado ao pKa do metanol (pKa = 15,54) e da acetona (pKa = 19,3), o que significa maior facilidade de liberação do H^+, daí ele ser um ácido mais forte.

Figura 2.8 – Estrutura química do metanol, do ácido acético e da propan-2-ona e seus respectivos hidrogênios ácidos e pKa

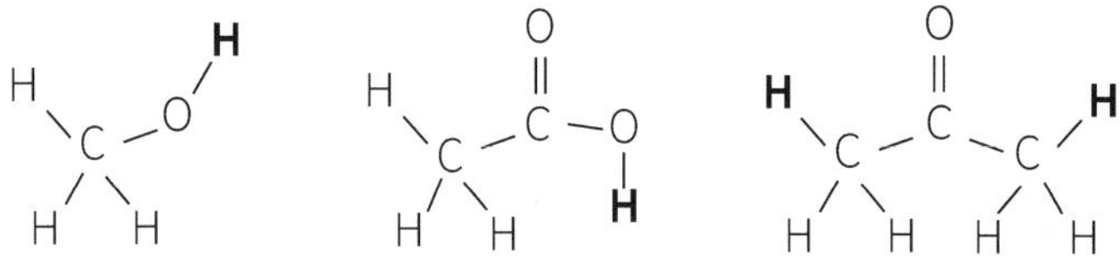

Metanol	Ácido acético	Propan-2-ona
pKa = 15,54	pKa = 4,76	pKa = 19,3

Uma justificativa para a maior facilidade na liberação de íons H^+ por parte do ácido acético decorre do fato de que o composto formado (sua base conjugada) é estabilizado pelo fenômeno de ressonância. Nesse caso, a dupla ligação entre o átomo de carbono e o de oxigênio alterna de posição com a carga negativa que sobrou sobre o segundo átomo de oxigênio, conforme as estruturas apresentadas a seguir.

Figura 2.9 – Híbridos de ressonância formados pela liberação do H⁺ da estrutura do ácido acético

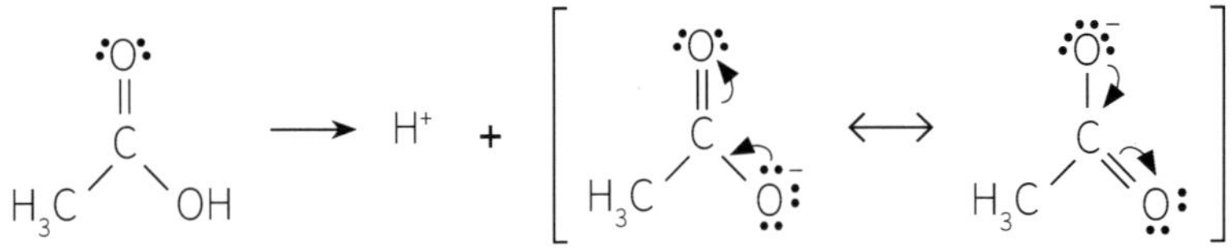

Ácido acético

Representação do híbrido de ressonância da base conjugada formada

2.2.2.2 Ácidos carboxílicos

Compostos denominados *ácidos carboxílicos*, que contêm um grupo –COOH, ocorrem em abundância em todos os seres vivos e estão envolvidos em quase todos os processos metabólicos (exemplos: os ácidos acético – CH_3COOH, pirúvico – $C_3H_4O_3$ e cítrico). No pH fisiológico típico encontrado dentro das células (pH = 7,4), os ácidos carboxílicos são praticamente dissociados e se encontram como ânions carboxilatos (COO^-).

2.2.2.3 Bases orgânicas

As bases orgânicas são caracterizadas pela presença de um átomo com um par de elétrons isolados que pode ligar-se ao H⁺. Os compostos que contêm nitrogênio, como a trimetilamina (C_3H_9N), são as bases orgânicas mais comuns, mas aqueles que contêm oxigênio também podem agir como bases quando reagem com ácidos suficientemente fortes.

Desse modo, podemos constatar que os mesmos compostos com oxigênio podem agir tanto como base quanto como ácido conforme as circunstâncias, da mesma forma que a água. O metanol e a acetona, por exemplo, agem como ácidos quando doam um próton e como bases quando seus átomos de oxigênio aceitam um próton.

Figura 2.10 – Estruturas químicas da trimetilamina, do metanol e da acetona (propan-2-ona)

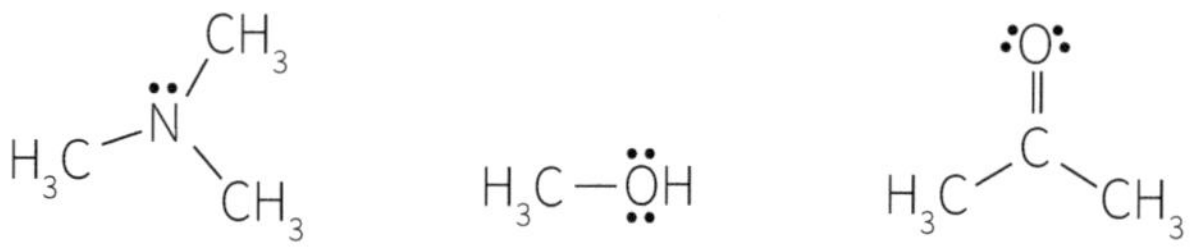

$$H_3C-\underset{CH_3}{\overset{CH_3}{N}} \qquad H_3C-\ddot{\underset{..}{O}}H \qquad H_3C-\overset{\overset{\ddot{O}:}{\|}}{C}-CH_3$$

Trimetilamina   Metanol   Acetona

2.3 Ligação iônica e ligação covalente nos compostos orgânicos

Nos compostos orgânicos, as ligações iônicas seguem a mesma lógica de ligação para outros elementos, conforme já mencionamos anteriormente. Isso nos leva a pensar na presença de cátions e ânions, ou seja, de átomos com capacidade de doar ou receber elétrons, assumindo carga positiva ou negativa respectivamente. Como exemplo, temos os sais orgânicos, como o acetato de potássio (CH_3CO_2K).

Figura 2.11 – Estrutura química do acetato de potássio

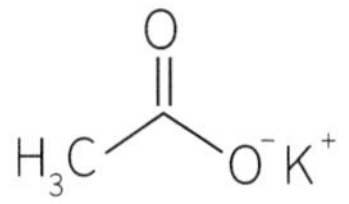

$$H_3C-\underset{\underset{O^-K^+}{}}{\overset{\overset{O}{\|}}{C}}$$

Se voltarmos à teoria de Lewis, em que os átomos buscam sempre pelo octeto completo, o que pode ocorrer por doação/recebimento ou por compartilhamento de elétrons, estamos considerando os elétrons somente como partículas, não levando em conta suas propriedades de onda. Entretanto, existem outros modelos que englobam esses dois aspectos, e um deles é a **teoria do orbital molecular**. Nessa teoria, as ligações covalentes resultam da combinação de orbitais atômicos para formar orbitais moleculares – que pertencem a toda molécula.

Orbital atômico (OA)

Região do espaço ao redor do núcleo atômico na qual existe a maior probabilidade de encontrarmos um elétron (Ψ^2).

Orbital molecular (OM)

Região do espaço ao redor da molécula na qual temos a maior probabilidade de encontrarmos um elétron.

Quando orbitais atômicos se combinam para formar orbitais moleculares, o número de orbitais moleculares resultante é sempre igual ao número de orbitais atômicos que se combinam. Assim, na molécula de hidrogênio, por exemplo, os dois orbitais atômicos se combinam para produzir dois orbitais moleculares. Estes podem ser do tipo ligante (Ψ), obtidos pela sobreposição de orbitais de mesma fase, ou, ainda, antiligantes (Ψ^2), obtidos pela sobreposição de dois orbitais com fases opostas. A seguir, temos um diagrama de energia que mostra a formação dos OMs ligante e antiligante.

Figura 2.12 – Diagrama de energia para a molécula de hidrogênio (H_2)

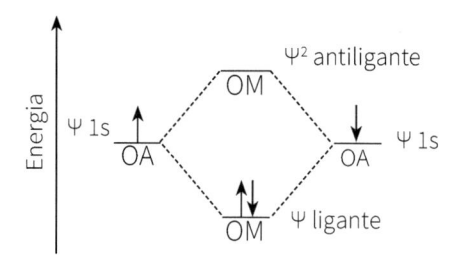

Na Figura 2.12, podemos perceber que os elétrons que estavam nos orbitais atômicos (OAs) passam a ocupar o orbital molecular ligante. No orbital molecular ligante, estão presentes 2 elétrons (com *spins* opostos), e a energia total é menor do que nos orbitais atômicos separados. Essa menor energia significa que, na molécula de H_2, a ligação é favorável, já que os elétrons estão no estado fundamental. No entanto, quando a molécula no estado fundamental absorve um fóton de luz de energia apropriada (ΔE), um elétron pode ocupar o orbital antiligante, o que é chamado de *estado excitado da molécula*.

Com base nesse exemplo simples de aplicação da teoria do orbital molecular, podemos utilizar essa mesma construção para moléculas com maior número de átomos, como as moléculas orgânicas. Nesse caso, só devemos ampliar o número de orbitais atômicos e moleculares de acordo com os átomos envolvidos.

2.4 Hibridização dos átomos de carbono

Para melhor compreender as geometrias assumidas pelas estruturas químicas orgânicas, precisamos entender o que os químicos chamam de *fenômeno de hibridização de orbitais atômicos*.

Normalmente, para átomos de carbono, seus orbitais híbridos e suas posições no espaço ao redor do núcleo do átomo definem as geometrias das ligações desse elemento. A seguir, vejamos os tipos de hibridização.

2.4.1 Hibridização sp^3

Orbitais *s* e *p* simples, descritos no capítulo anterior, quando considerados individualmente, não fornecem um modelo satisfatório para o carbono tetravalente-tetraédrico do metano (CH_4), por exemplo. Desse modo, uma abordagem denominada *hibridização* (ou *hibridação*) *de orbitais*, baseada em mecânica quântica, pode auxiliar. Em termos mais simples, são cálculos matemáticos que envolvem a combinação de funções de onda (Ψ) de orbitais *s* e *p* que levam a novas funções de onda, denominadas *orbitais atômicos híbridos*.

A configuração eletrônica de um átomo de carbono em seu estado de mais baixa energia – denominado *estado fundamental* – é a seguinte:

C – $1s^2\ 2s^2\ 2px^1\ 2py^1\ 2pz^0$

Esses orbitais são misturados para formar 4 orbitais híbridos novos e equivalentes do tipo $2sp^3$. Logo, um elétron sai do orbital *s* e passa a ocupar o orbital 2pz, anteriormente vazio, levando a um novo formato de orbitais ao redor do núcleo de carbono, com ângulos entre eles de 109,5°, equivalente a uma estrutura tetraédrica, conforme apresentado na figura a seguir.

Figura 2.13 – Quatro orbitais híbridos do tipo sp^3 do átomo de carbono

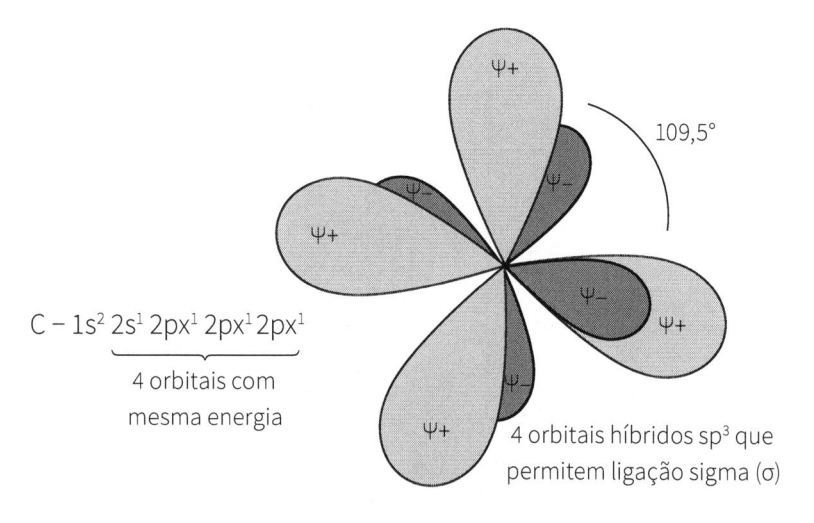

C – $1s^2\ 2s^1\ 2px^1\ 2px^1\ 2px^1$
           ⎵⎵⎵⎵⎵⎵⎵⎵⎵⎵⎵
           4 orbitais com
           mesma energia

4 orbitais híbridos sp^3 que permitem ligação sigma (σ)

Além de explicar adequadamente a forma do metano, o modelo de hibridização dos orbitais demonstra as ligações muito fortes que são formadas entre o carbono e o hidrogênio. A ligação estabelecida pela sobreposição de um orbital sp^3 do carbono e um orbital 1s do hidrogênio é um exemplo de uma ligação *sigma* (σ), representada na ilustração a seguir.

Figura 2.14 – Sobreposição de um orbital sp^3 do carbono e um orbital 1s do hidrogênio

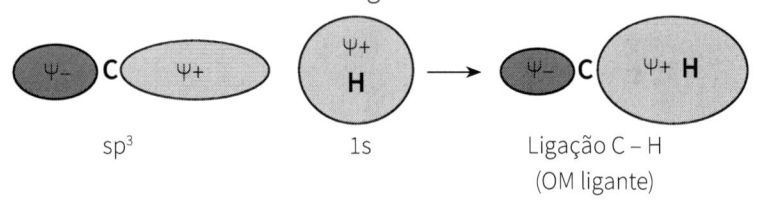

No geral, alcanos são os compostos que usam orbitais híbridos sp^3, uma vez que a ligação carbono-carbono é uma ligação simples do tipo *sigma* (σ) com simetria cilíndrica em torno do eixo de ligação, formada pela sobreposição de dois orbitais sp^3 dos carbonos. Assim como as ligações carbono-hidrogênio, também são ligações *sigma* (σ) pela sobreposição de um orbital *s* do hidrogênio e um orbital sp^3 do carbono, orientado sobre o eixo *x*.

Uma característica das ligações carbono-carbono *sigma* (σ) com simetria cilíndrica em torno do eixo de ligação é a rotação de grupos integrantes que giram relativamente livres uns em relação aos outros.

2.4.2 Hibridização sp²

Outro tipo de hibridização encontrado em compostos orgânicos é a sp², que decorre do fato de existir o compartilhamento de mais de um par de elétrons entre átomos de carbono. Esses compartilhamentos formam o que conhecemos como *ligações covalentes duplas* (C=C).

Um grupo de compostos representante desse tipo de ligação são os **alcenos**. Neles, o arranjo espacial dos orbitais híbridos é triangular, com ângulo entre os orbitais de 120°, conforme apresentado na Figura 2.15, a seguir. Diferentemente dos alcanos, para se chegar a esse arranjo, os orbitais envolvidos são do tipo sp².

Figura 2.15 – Três orbitais híbridos do tipo sp² do átomo de carbono

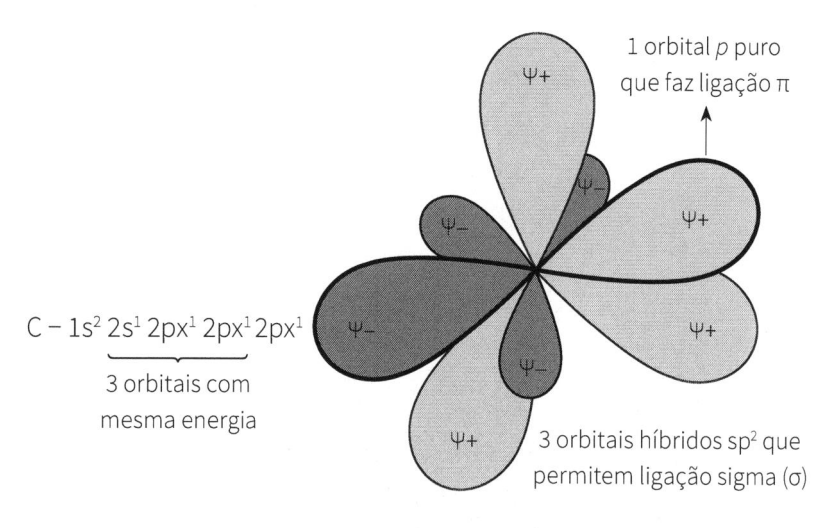

$C - 1s^2\ 2s^1\ 2px^1\ 2px^1\ 2px^1$

3 orbitais com mesma energia

1 orbital *p* puro que faz ligação π

3 orbitais híbridos sp² que permitem ligação sigma (σ)

Nesse arranjo, um dos orbitais *p* mantém-se com energia diferente dos híbridos sp² e pode ser chamado de *orbital* p *puro*.

No caso do eteno (C_2H_4), exposto na Figura 2.16, a seguir, podemos ver que a ligação dupla entre carbonos corresponde a uma ligação *sigma* (σ) entre 2 orbitais do tipo sp^2, um de cada carbono, orientada entre os eixos dos átomos, e a uma segunda ligação *pi* (π) entre 2 orbitais do tipo *p* puros, novamente um de cada carbono, com sobreposição lateral. Os outros 2 orbitais do tipo sp^2 ligam-se de maneira simples por ligação *sigma* (σ) a 2 átomos de hidrogênio (orbitais 1s).

Figura 2.16 – Modelo de orbitais moleculares ligantes do eteno

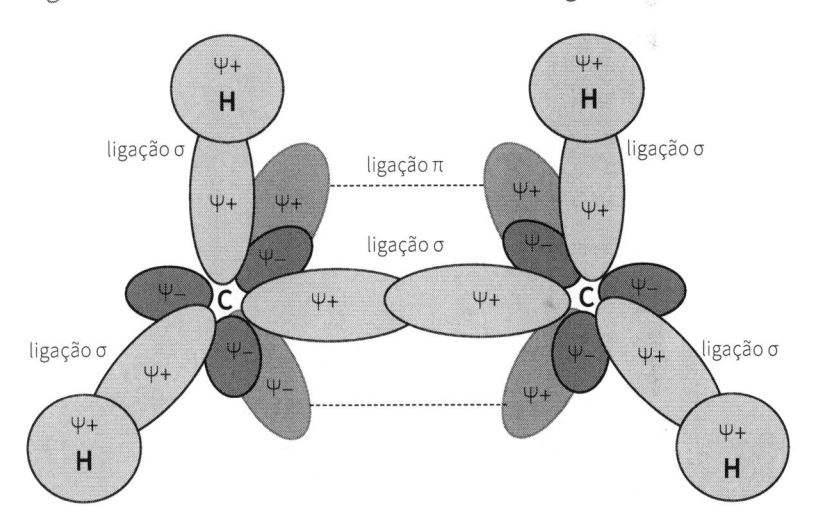

O modelo σ-π para a ligação dupla carbono-carbono também explica o fato de existir uma grande barreira de energia (264 kJ mol^{-1}) para a rotação associada a grupos unidos por uma ligação dupla. Isso acontece porque há uma sobreposição máxima entre os orbitais *p* puros, que são exatamente paralelos; ao se tentar rodar um carbono da ligação dupla em 90°, haveria a quebra da ligação. Logo, esses grupos conectados por dupla ligação não giram.

2.4.3 Hibridização sp

No caso de moléculas com ligação tripla entre átomos de carbono (C≡C), como os **alcinos**, outro tipo de hibridização precisa ocorrer (sp), com ângulo entre orbitais híbridos de 180°, conforme apresentado na Figura 2.17, a seguir. Nesse fenômeno, somente um orbital s e um orbital p passam a ter a mesma energia, assumindo uma hibridização do tipo sp. Esse orbital híbrido é capaz de formar uma ligação *sigma* (σ) em ligações C–C. Os outros 2 orbitais p do átomo de carbono permanecem com seu caráter puro e, posteriormente, serão responsáveis pelas duas ligações π em compostos com tripla ligação.

Figura 2.17 – Dois orbitais híbridos do tipo sp do átomo de carbono

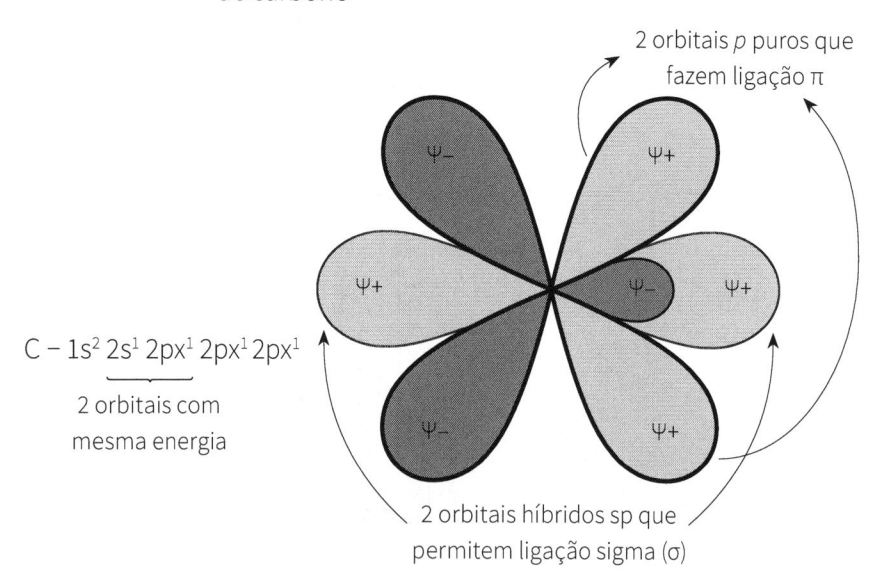

2 orbitais p puros que fazem ligação π

C – $1s^2\ 2s^1\ 2px^1\ 2px^1\ 2px^1$
    _____
    2 orbitais com mesma energia

2 orbitais híbridos sp que permitem ligação sigma (σ)

Além disso, a ligação tripla com orbital do tipo sp formada é mais curta do que a ligação dupla do eteno com orbitais sp^2, que, por sua vez, é mais curta do que a ligação simples do etano com orbitais sp^3.

Percebemos, ainda, que, quanto maior o caráter *s* em um orbital de um ou de ambos os átomos, menor será o comprimento da ligação. Isso ocorre porque os orbitais *s* são esféricos e apresentam, nas vizinhanças do núcleo, uma densidade eletrônica maior do que os orbitais *p*. Ademais, quanto maior o caráter *p* em um orbital de um ou de ambos os átomos, mais comprida será a ligação, já que os orbitais *p* têm o formato de lóbulos com densidade eletrônica que se estende para fora dos núcleos.

Síntese

Neste capítulo, demonstramos que a química orgânica é o estudo dos compostos de carbono de origem natural ou sintética. Muitos compostos orgânicos podem ser formados por reações do tipo ácido-base, e as teorias associadas podem considerar tanto a presença de um próton quanto a de pares de elétrons.

Em seguida, abordamos a teoria do orbital atômico (OA), que corresponde a uma região do espaço ao redor do núcleo de um único átomo na qual existe uma grande probabilidade de se encontrar um elétron (Ψ^2).

Quando orbitais atômicos se sobrepõem, eles se combinam para formar orbitais moleculares (OMs). Estes correspondem às regiões do espaço que circunda dois núcleos nos quais os elétrons podem ser encontrados. Da mesma forma que os orbitais atômicos, os orbitais moleculares podem acomodar até 2 elétrons se os seus *spins* estiverem emparelhados.

Tratamos também do número de orbitais moleculares, que é sempre igual ao número de orbitais atômicos por meio dos quais são formados. A combinação de 2 orbitais atômicos sempre produzirá 2 orbitais moleculares – um ligante e um antiligante.

Quanto à hibridização, abordamos os seguintes pontos:

- A hibridização de 3 orbitais p com 1 orbital s produz 4 orbitais sp^3 que apontam na direção dos vértices de um tetraedro com ângulos de 109,5°, levando à formação de uma molécula tetraédrica.
- A hibridização de 2 orbitais p com 1 orbital s produz 3 orbitais sp^2 que apontam na direção dos vértices de um triângulo equilátero com ângulos de 120°, levando à formação de uma molécula trigonal plana.
- A hibridização de 1 orbital p com 1 orbital s produz 2 orbitais sp que apontam em sentidos opostos com um ângulo de 180°, levando à formação de uma molécula linear.

Para finalizar, destacamos que uma ligação *sigma* (σ), um tipo de ligação simples, tem densidade eletrônica ao longo do eixo da ligação e que uma ligação *pi* (π) parte das ligações duplas e triplas entre átomos de carbono, cujas densidades eletrônicas de 2 orbitais p adjacentes paralelos se sobrepõem lateralmente.

Atividades de autoavaliação

1. A respeito das teorias ácido-base, é correto afirmar:
   a) Para Arrhenius, a base tem H^+ e o ácido, OH^-.
   b) Segundo Bronsted-Lowry, o ácido libera/doa próton e a base recebe próton.
   c) A base de Lewis aceita pares de elétrons. O ácido de Lewis tem pares de elétrons não ligantes.
   d) As reações ácido-base são também chamadas de *reações de neutralização*, mas não podem formar compostos orgânicos.
   e) Nenhuma das alternativas está correta.

2. Sobre as ligações em compostos orgânicos, é possível afirmar que:
   a) não existem compostos orgânicos com carga que podem fazer ligações iônicas.
   b) orbitais atômicos são orbitais da molécula.
   c) orbitais moleculares são orbitais dos átomos antes de formar moléculas.
   d) dois orbitais atômicos ligam-se, formando dois orbitais moleculares – um do tipo ligante e outro do tipo antiligante.
   e) Nenhuma das alternativas está correta.

3. A respeito da hibridização, é correto afirmar que:
   a) a hibridização sp^3 é feita por átomos de carbonos em tripla ligação.
   b) a ligação simples ocorre entre o eixo de dois átomos, formando ligações do tipo sigma (σ).
   c) a ligação π ocorre entre o eixo de dois átomos.

d) ligação tripla tem três ligações do tipo sigma (σ).
e) Nenhuma das alternativas está correta.

4. Sobre os átomos, é possível afirmar que:
   a) os orbitais s são esféricos, localizados ao redor e próximos do núcleo; os orbitais p são compostos por dois lóbulos, formando um alteres, e podem estabelecer ligação σ.
   b) os orbitais p puros não podem formar ligações π.
   c) a dupla ligação é mais fraca que a simples ligação e permite rotação de seus grupos integrantes.
   d) os átomos com hibridização sp^3 formam moléculas lineares.
   e) Nenhuma das alternativas está correta.

5. De acordo com a estrutura de Lewis, a molécula de água:
   a) tem uma geometria linear com um momento de dipolo tendendo a zero, com carga negativa sobre o oxigênio e positiva sobre os hidrogênios.
   b) tem uma geometria linear com formação de dipolo, com carga negativa sobre o oxigênio e positiva sobre os hidrogênios.
   c) tem geometria angular, uma vez que pares de elétrons não ligantes do oxigênio ocupam maior lugar no espaço que os elétrons da ligação O–H, com formação de dipolo, com carga negativa sobre o oxigênio e positiva sobre os hidrogênios.
   d) tem uma geometria triangular com formação de dipolo, com carga negativa sobre o oxigênio e positiva sobre os hidrogênios.
   e) Nenhuma das alternativas está correta.

Atividades de aprendizagem

Questões para reflexão

1. Avalie as estruturas e indique qual é a hibridização (sp^3, sp^2 e sp) de cada átomo das estruturas de carbono:

   a) 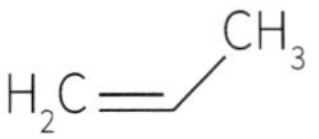 $H_2C=CH_3$ (estrutura com CH₃)

   b) 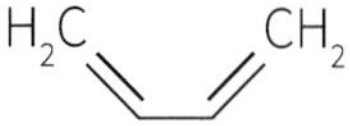 H_2C—CH=CH₂ (com NH)

   c) 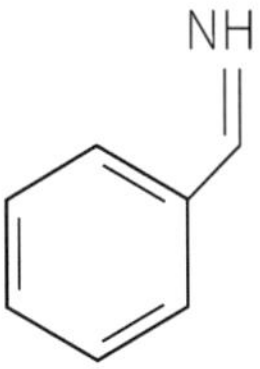 anel aromático com NH=CH

   d) 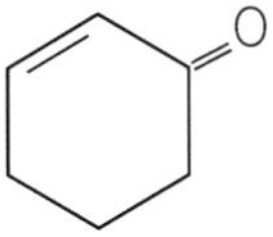 ciclohexenona (anel com dupla e C=O)

   e) $H_3C-C\equiv C-CHO$

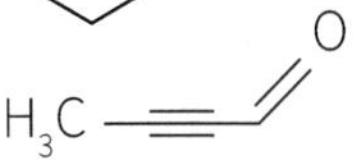

2. Indique o ácido mais forte em cada dupla apresentada. Em seguida, explique qual a relação entre carga e acidez:
   a) H_3O^+ ou H_2O
   b) NH_4^+ ou NH_3
   c) H_2S ou HS^-
   d) H_2O ou OH^-

Atividade aplicada: prática

1. Faça o fichamento bibliográfico dos principais assuntos abordados neste capítulo, comentando os resumos.

Capítulo 3

Hidrocarbonetos*

---

* Este capítulo foi elaborado com base em Barbosa (2011); Bruice (2014a, 2014b); Carey (2011a, 2011b); McMurry (1997); Solomons (2006).

Com o passar do tempo e com a experiência, os químicos aprenderam que os compostos orgânicos podem ser classificados em famílias conforme suas características estruturais, as quais levam a reatividades químicas semelhantes. Mesmo com milhões de compostos orgânicos conhecidos com reatividade randômica, existem várias famílias de substâncias cujas características químicas são razoavelmente previsíveis.

Dessa forma, a partir deste ponto do texto até o final desta obra, analisaremos a química de famílias específicas de compostos. Neste capítulo, abordaremos a família dos **hidrocarbonetos**, compostos que contêm apenas átomos de carbono e hidrogênio. Para isso, apresentaremos sua classificação e sua nomenclatura, bem como trataremos do reconhecimento dos grupos funcionais.

Os hidrocarbonetos podem ser classificados com base no tipo de ligação existente. São **compostos saturados** aqueles que contêm somente ligações simples, e **compostos insaturados** aqueles que apresentam ligações múltiplas, do tipo dupla ou tripla.

Como exemplo de hidrocarbonetos comuns no nosso dia a dia citamos os gases metano (CH_4), com somente um carbono, e o butano (C_4H_8), com quatro carbonos, ambos formados somente por ligações simples entre seus átomos. Esses dois compostos são os componentes do gás natural e do gás de cozinha respectivamente, advindos de processos de digestão e de decomposição de matéria orgânica. São usados na geração de energia, obtida pela queima desses gases . A seguir, temos a reação da queima do butano:

$$C_4H_{8(g)} + 6O_{2(g)} \rightarrow 4CO_{2(g)} + 4H_2O_{(g)}$$

Ao refletirmos sobre a necessidade energética humana, vamos perceber que, no decorrer da evolução de nossa espécie, um salto de bilhões de quilojoules (kJ) ocorreu. Estima-se que, milhões de anos atrás, nosso ancestral *Homo habilis*, que levava uma vida simples caçando e catando alimentos, consumia somente cerca de 8.400 kJ por dia para viver. Com o surgimento de novas tecnologias e confortos de uma vida moderna, passamos a consumir mais de 1.100.000 kJ por dia na atualidade, o que certamente nos torna reféns de reservas energéticas não renováveis, como é o caso dos derivados do petróleo (Barbosa, 2011).

Há registros do uso do petróleo pela humanidade desde a Mesopotâmia. Contudo, na atualidade, além das questões de necessidade de energia para manter nosso padrão de vida moderna, outras preocupações surgiram e estão diretamente ligadas ao uso dos hidrocarbonetos e seus derivados. Gases como os óxidos de carbono, de nitrogênio, de enxofre, entre outros, são formados pelo uso dos derivados do petróleo e ocasionam problemas ambientais graves. Ao se queimar matéria orgânica para obtenção de energia, provoca-se o acúmulo de gases que não estavam em nossa atmosfera, os quais, ao se solubilizarem em água, formam compostos ácidos responsáveis pela degradação de muitos *habitats* terrestres e marinhos. A seguir, vejamos as reações que mostram a formação desses ácidos.

Formação do ácido carbônico:

$$CO_{2(g)} + H_2O_{(l)} \rightarrow H_2CO_{3(aq)}$$

Formação do ácido sulfúrico:

$SO_{2(g)} + 1/2 O_{2(g)} \rightarrow SO_{3(g)}$

$SO_{3(g)} + H_2O_{(l)} \rightarrow H_2SO_{4(aq)}$

Formação do ácido nítrico e do ácido nitroso:

$2NO_{2(g)} + H_2O_{(l)} \rightarrow HNO_{3(aq)} + HNO_{2(aq)}$

Na presença desses ácidos, o pH da água da chuva pode baixar para valores entre 4 e 2, extremamente ácidos, o que a torna inadequada para o uso de organismos vivos, cujos fluídos têm pH com valores próximos da neutralidade (pH = 7).

3.1 Nomenclatura dos hidrocarbonetos

Conforme o número de carbonos presentes na cadeia principal, os nomes dos hidrocarbonetos são formados. Vejamos, a seguir, uma lista dos prefixos dos nomes dos compostos mais comuns.

Figura 3.1 – Prefixos de nomes dos compostos orgânicos

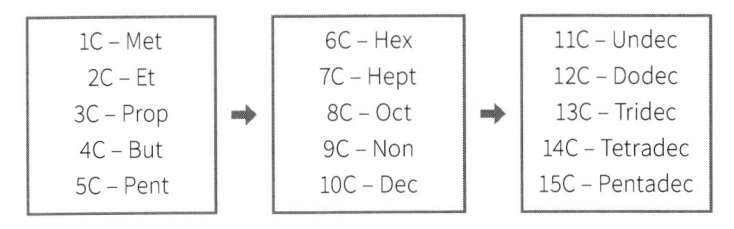

1C – Met	6C – Hex	11C – Undec
2C – Et	7C – Hept	12C – Dodec
3C – Prop	8C – Oct	13C – Tridec
4C – But	9C – Non	14C – Tetradec
5C – Pent	10C – Dec	15C – Pentadec

Inicialmente, os compostos orgânicos eram nomeados de maneira não sistemática, com o uso de prefixos latinos e gregos. No entanto, com a descoberta de compostos isômeros, os quais apresentavam mesmo número de átomos ligados de forma completamente diferentes, esse procedimento tornou-se inadequado.

Por esse motivo, em 1882, em uma convenção de químicos de diferentes partes do mundo em Genebra, na Suíça, estabeleceram-se regras de nomenclatura de compostos orgânicos que toda a sociedade científica pudesse seguir, a fim de padronizar e facilitar a comunicação. Esse conjunto de regras ficou conhecido como *nomenclatura oficial da International Union of Pure and Applied Chemistry* (Iupac). Com o avanço da química orgânica sintética, milhares de outros compostos orgânicos foram criados e, para que esse sistema de nomenclatura mantenha-se atual e útil, periodicamente as regras são atualizadas.

A seguir, apresentaremos algumas dessas regras.

3.1.1 Alcanos

São os compostos formados por átomos de carbono e hidrogênio somente com ligações simples, ou seja, sem ligações múltiplas entre os átomos de carbono. No nome dos compostos, tais ligações simples são indicadas pelo uso da terminação ***-ano***.

A fórmula geral da estrutura de alcanos lineares é C_nH_{2n+2}, em que n é o número de carbonos.

Entre os alcanos, temos os gases combustíveis:

- CH_4 (metano);
- $CH_3CH_2CH_3$ (propano);
- $CH_3CH_2CH_2CH_3$ (butano).

3.1.2 Alcenos

São os compostos que apresentam pelo menos uma ligação dupla carbono-carbono, e isso é indicado pelo uso da terminação **-eno**. Na nomenclatura comum, são conhecidos como *olefinas*, termo derivado do latim *oleum facere*, que significa "fazer óleo". Essa denominação advém de reações de alcenos gasosos com cloro (Cl), cujo subproduto é um composto líquido de aspecto oleoso.

A fórmula geral da estrutura de alcenos lineares é C_nH_{2n}, em que n é o número de carbonos.

Como exemplo de alceno, temos o composto $H_2C=CH_2$ (eteno).

Nos casos em que mais de uma dupla ligação está presente, usamos o termo **dieno-** quando temos 2 ligações duplas, **trieno-** quando temos 3 ligações duplas e assim por diante. Um exemplo de dialceno é o composto $H_2C=CHCH=CHCH_3$ (penta-1,3-dieno) e um exemplo de trialceno é o composto $H_2C=CHCH=C=CH_2$ (penta-1,2,4-trieno).

3.1.3 Alcinos

São compostos que contêm pelo menos uma ligação tripla carbono-carbono e, por isso, usa-se a terminação **-ino** em seu nome.

A fórmula geral da estrutura de alcinos lineares é C_nH_{2n-2}, em que *n* é o número de carbonos.

Um exemplo de alcino é o composto $H_3CC\equiv CH$ (propino).

Da mesma forma que para os alcenos, quando mais de uma ligação tripla está presente, o nome do composto recebe prefixos como **diino-** (2 ligações triplas), **triino-** (3 ligações triplas) e assim por diante. Um exemplo de dialcino é o composto $HC\equiv C-CH_2-C\equiv C-CH_3$ (hex-1,4-diino), e um exemplo de trialcino é o composto $HC\equiv C-CH_2-C\equiv C-C\equiv CH$ (hepta-1,3,6-triino).

3.1.4 Compostos cíclicos

Ainda conforme a classificação que considera ligações do tipo simples, duplas e triplas, temos os compostos cíclicos. Esse tipo de composto forma anéis com a cadeia principal, e isso é demonstrado pelo uso do prefixo **ciclo-**.

O menor anel conhecido é formado por 3 carbonos, uma vez que a tensão à qual as ligações dos átomos de carbono estão expostas é bastante elevada. São conhecidos ciclos maiores, com até 8 carbonos, os quais também sofrem com a tensão de ligações.

A seguir, vejamos a estrutura de três compostos cíclicos, um com ligação simples, um com ligação dupla e outro com ligação tripla.

Figura 3.2 – Estruturas de compostos cíclicos

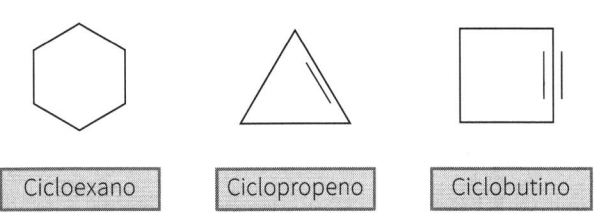

| Cicloexano | Ciclopropeno | Ciclobutino |

3.1.5 Compostos aromáticos

Há ainda o composto chamado *benzeno*, conhecido como *composto aromático*, o qual apresenta em sua estrutura ligações do tipo simples e duplas alternadas entre seus 6 carbonos. Vejamos, a seguir, as representações do benzeno.

Figura 3.3 – Representações do benzeno

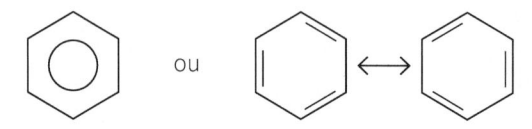

Com base na teoria de ressonância, o benzeno não pode ser representado adequadamente por uma única estrutura, mas deve ser visualizado como um híbrido. Como visto na imagem anterior, esse composto ainda pode ser representado por um hexágono com um círculo no meio.

No benzeno, as seguintes características estão presentes:

- todas as ligações carbono-carbono são uma ligação e meia;
- o comprimento de ligação tem um valor entre o de uma ligação simples e o de uma ligação dupla;
- os ângulos de ligação são de 120°.

Átomos de carbono do anel benzênico são hibridizados sp^2. Portanto, cada carbono tem um orbital p, que tem um lóbulo acima do plano do anel e um lóbulo abaixo, e ambos se sobrepõem. Portanto, os 6 elétrons associados a esses orbitais p (1 elétron de cada orbital) estão deslocalizados sobre todos os 6 átomos de carbono do anel. Essa deslocalização dos elétrons explica como todas as ligações carbono-carbono são equivalentes e têm o mesmo comprimento.

Quem propôs pela primeira vez essa estrutura, com 6 átomos de carbono ligados formando um círculo, foi Kekulé, em torno de 1890, o qual teve um sonho um tanto quanto extravagante, com cobras mordendo a própria cauda.

Para verificar se uma estrutura é ressonante, é possível adotar a chamada *regra de Huckel*, que propõe que compostos cíclicos e planares têm 4n + 2 elétrons π, em que *n* é um número inteiro (0, 1, 2, 3, ...). Esses elétrons π são os que participam de ligações dupla ou tripla; aqueles não compartilhados geram uma carga negativa.

De forma geral, atualmente a nomenclatura de hidrocarbonetos obedece às seguintes regras básicas:

Quadro 3.1 – Regras básicas para a nomenclatura de hidrocarbonetos

Prefixo (número de carbonos)	Infixo (saturação da cadeia)	Sufixo (função)
1 C = met-	Saturada (**-an-**)	Hidrocarboneto = **-o**
2 C = et- 3 C = prop- 4 C = but-	Insaturada 1 dupla = **-en-** 2 duplas = **-dien-** 3 duplas = **-trien-** 1 tripla = **-in-** 2 tripla = **-diin-** 3 tripla = **-triin-** 1dupla e 1 tripla = **-enin-**	

Para a nomenclatura de compostos de cadeia fechada, a palavra *ciclo* é adicionada antes do prefixo.

Em todos os demais casos, iniciamos a definição da nomenclatura conforme a seguinte ordem de importância:

Grupo funcional > Insaturação > Ramificação

Como exemplo, podemos analisar o composto da figura a seguir.

Figura 3.4 – Estrutura do composto 3-metilbut-1-eno

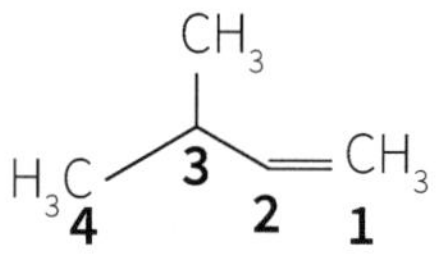

$$H_3C\underset{4}{-}\underset{3}{\overset{CH_3}{C}}-\underset{2}{CH}=\underset{1}{CH_2}$$

Nesse composto, a cadeia principal é aquela que contempla a insaturação. A contagem dos carbonos inicia-se pelo átomo mais próximo da dupla ligação. Assim, percebemos que existem 4 carbonos na cadeia principal e, na posição do C3, encontramos um grupo dito *radical* com um único carbono que caracteriza o grupo metil.

3.2 Classificação das cadeias de carbono

Dois tipos de cadeia podem ser observados quando olhamos compostos orgânicos: cadeia aberta, classificada em linear ou ramificada, e cadeia fechada, também chamada de *cadeia cíclica*.

Como já abordamos cadeias cíclicas, neste tópico vamos tratar dos compostos de cadeia aberta.

3.2.1 Cadeia aberta linear

Essa estrutura não apresenta ramificações em sua cadeia principal de carbono. Como exemplos, podemos verificar as estruturas a seguir:

$CH_3CH_2CH_2CH_3$ (butano)

$H_3CCH_2CH_2CH_2CH_3$ (pentano)

3.2.2 Cadeia aberta ramificada

É encontrada em compostos como 2-metilpropano e 2-metilbutano, cujas cadeias de carbono apresentam grupos laterais. Esses compostos são chamados *alcanos de cadeia ramificada*. Nesses casos, a cadeia principal é aquela que apresenta o maior número de carbonos. Em compostos com insaturação, a cadeia principal precisa abranger essa dupla ou tripla ligação.

Figura 3.5 – Estruturas dos compostos 2-metilpropano e 2-metilbutano

$$\begin{array}{c} H_3C \\ \diagdown \\ CH-CH_3 \\ \diagup \\ H_3C \end{array} \qquad \begin{array}{c} H_3C \\ \diagdown \\ CH-CH_3 \\ \diagup \\ H_2C \\ \diagdown \\ CH_3 \end{array}$$

2-metilpropano   2-metilbutano

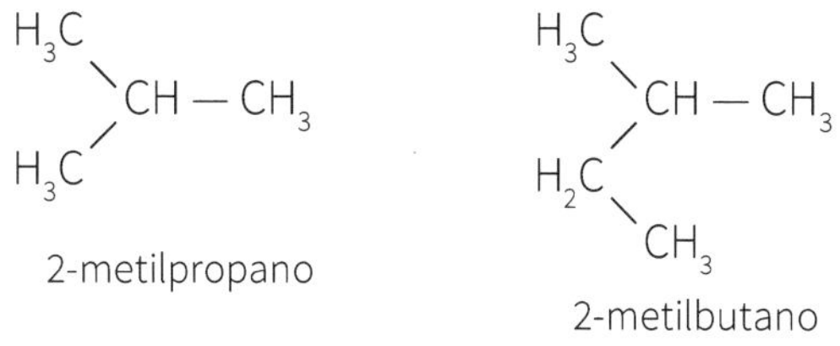

Em química orgânica, é comum a classificação dos átomos de carbono de uma cadeia sob os seguintes aspectos:

- **carbono primário**: aquele que se encontra ligado somente a 1 outro átomo de carbono;
- **carbono secundário**: aquele que se encontra ligado a outros 2 átomos de carbono;
- **carbono terciário**: aquele que se encontra ligado a outros 3 átomos de carbono;
- **carbono quaternário**: aquele que se encontra ligado a outros 4 átomos de carbono.

A seguir, podemos verificar a estrutura do 2,2,3-trimetilpentano, o qual apresenta átomos de carbono primário nas posições 1, 5, 6, 7 e 8; na quarta posição, 1 carbono secundário; na terceira posição, 1 carbono terciário; na segunda posição, 1 carbono quaternário.

Figura 3.6 – Estrutura do 2,2,3-trimetilpentano

$$\begin{array}{c} \overset{7}{CH_3} \;\; \overset{6}{CH_3} \\ | \;\;\; | \\ \underset{1}{H_3C} - \underset{2|}{C} - \underset{3|}{C} - \underset{4}{CH_2} - \underset{5}{CH_3} \\ \underset{8}{CH_3} \;\; H \end{array}$$

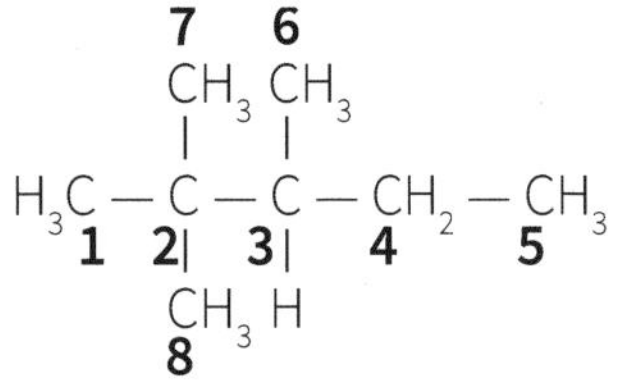

Nas cadeias ramificadas, há várias maneiras de combinar átomos de carbono e hidrogênio para formar os hidrocarbonetos. Obviamente que, com somente 1 carbono e 4 hidrogênios, como é o caso do metano (CH_4), ou ainda com 2 carbonos e 6 hidrogênios, como é o caso do etano (CH_3CH_3), as variações na estrutura não são possíveis. No entanto, em combinações de 3 carbonos e 8 hidrogênios (por exemplo, propano, $CH_3CH_2CH_3$), as variações já são possíveis e, quanto maior o número de carbonos e hidrogênios, mais possibilidades passam a existir.

Como exemplo, há duas substâncias com a fórmula molecular C_4H_{10}. Em uma delas, os 4 carbonos podem estar dispostos em uma única linha, formando o butano, ou, em outra, ter uma ramificação, formando o isobutano. De modo análogo, existem três moléculas com a fórmula C_5H_{12}.

Figura 3.7 – Estruturas do butano e do isobutano

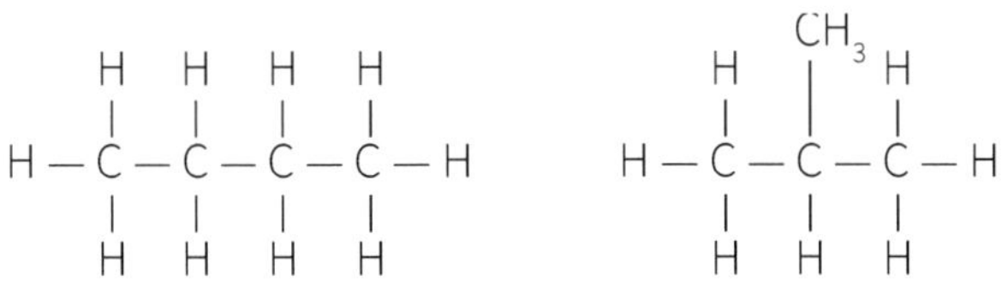

```
    H   H   H   H                    H   CH₃  H
    |   |   |   |                    |    |   |
H — C — C — C — C — H            H — C —  C — C — H
    |   |   |   |                    |    |   |
    H   H   H   H                    H    H   H

        Butano                     Isobutano ou
                                   2-metilpropano
```

Os compostos da Figura 3.7 têm a mesma fórmula molecular, porém contam com estruturas diferentes; assim, são denominados *isômeros*, termo derivado do grego *isos + meros*, que significa "feito das mesmas partes". São compostos com o mesmo número e o mesmo tipo de átomos, mas que se diferem no modo como estão dispostos no espaço. Esses compostos como o butano e o isobutano, cujos átomos têm arranjos diferentes, são denominados **isômeros constitucionais**.

À medida que aumenta o número de átomos de carbono em um composto hidrocarboneto, amplia-se drasticamente o número de isômeros possíveis.

O isomerismo constitucional não é limitado aos hidrocarbonetos. Esse tipo de isômero tem estrutura de cadeia carbônica diferente (como o butano – C_4H_{10} e o isobutano), ou, ainda, grupos funcionais diversos (como o álcool etílico C_2H_6O e o éter dimetílico), ou uma localização diferente do grupo funcional ao longo da cadeia (como a isopropilamina e a propilamina – C_3H_9N). Independentemente da razão para o isomerismo, os isômeros constitucionais são sempre compostos com propriedades diversas, mas com mesma fórmula molecular.

Figura 3.8 – Isômeros com grupos funcionais diferentes

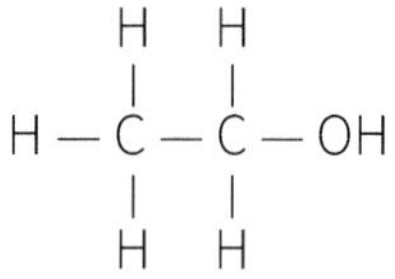

$$H-\underset{\underset{H}{|}}{\overset{\overset{H}{|}}{C}}-\underset{\underset{H}{|}}{\overset{\overset{H}{|}}{C}}-OH \qquad H-\underset{\underset{H}{|}}{\overset{\overset{H}{|}}{C}}-O-\underset{\underset{H}{|}}{\overset{\overset{H}{|}}{C}}-H$$

Álcool etílico 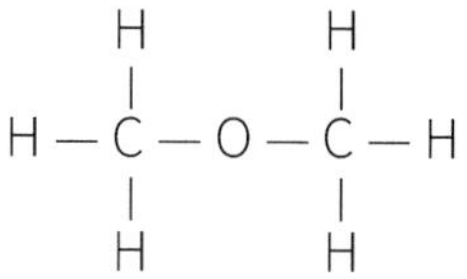   Éter dimetílico

Figura 3.9 – Isômeros com localização diferente do grupo funcional ao longo da cadeia

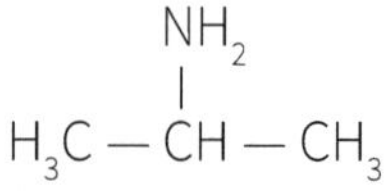

$$H_3C-\underset{}{\overset{\overset{NH_2}{|}}{CH}}-CH_3 \qquad H_3C-CH_2CH_2NH_2$$

Isopropilamina   Propilamina

3.3 Identificação dos grupos funcionais

Grupos funcionais são grupos ou ligações específicas entre átomos que conferem reatividade e propriedades a uma molécula.

No caso dos alcenos, seu grupo funcional é sua ligação dupla carbono-carbono, uma vez que a maioria das reações químicas com esses compostos ocorre na sua ligação dupla.

Já nos alcinos, sua ligação tripla carbono-carbono é que caracteriza seu grupo funcional, pela mesma razão reacional observada para os alcenos.

Os alcanos, no entanto, não têm um grupo funcional, pois suas moléculas têm somente ligações simples carbono-carbono e carbono-hidrogênio pouco reativas.

Percebemos, então, que a presença de elétrons de ligação do tipo π, existentes em ligações múltiplas, são os que estão mais disponíveis para reações, os quais envolvem orbitais do tipo *p* paralelos.

3.4 Nomenclatura das ramificações chamadas de *grupos alquilas* ou *alquil* (R)

Grupos de ramificações nada mais são que grupos não pertencentes à cadeia principal de compostos orgânicos.

Para definirmos a nomenclatura desse tipo de composto, vejamos o quadro a seguir.

Quadro 3.2 – Nomenclatura dos grupos alquilas

Alcano	Nome	Grupo alquila	Nome
CH_4	Metano	$-CH_3$	Metila
CH_3CH_3	Etano	$-CH_2CH_3$	Etila
$CH_3CH_2CH_3$	Propano	$-CH_2CH_2CH_3$	Propila
$CH_3CH_2CH_2CH_3$	Butano	$-CH_2CH_2CH_2CH_3$	Butila
$CH_3CH_2CH_2CH_2CH_3$	Pentano	$-CH_3CH_2CH_2CH_2CH_3$	Pentila

Os grupos de ramificações são nomeados conforme seus alcanos de origem, substituindo-se a terminação *-ano*, que caracteriza hidrocarbonetos, pela terminação *-il* ou *-ila*, que caracteriza as ramificações.

Quando um anel benzênico está ligado a uma cadeia principal, formando uma ramificação, é chamado de *grupo fenila*, o qual pode ser representado das seguintes maneiras:

Figura 3.10 – Representações do grupo fenila

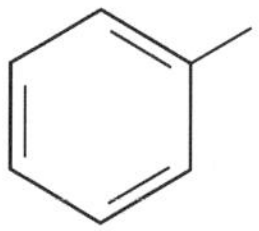

Ph- ou *Ar-*

A ligação de um grupo fenila com um grupo metileno ($-CH_2-$) leva ao grupo benzila.

Figura 3.11 – Representação do grupo benzila

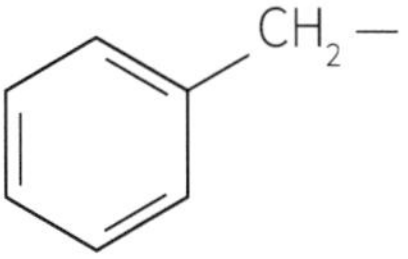

Preste atenção quando há um radical no lugar de um grupo alquila (R). Apesar do mesmo nome, radicais têm pelo menos um elétron desemparelhado. Desse modo, no lugar do traço ao lado do símbolo do átomo de carbono, o qual indica a ligação do grupo R à cadeia, usa-se um ponto para radicais. Essas espécies advêm de quebras homolíticas de ligações covalentes, em que cada uma das duas espécies fica com um elétron.

A seguir, vejamos a representação dos radicais *metil* e *etil*.

Radical *metil*:

•CH_3

Radical *etil*:

•CH_2CH_3

Ainda, dada a existência de elétrons desemparelhados, essas espécies tornam-se altamente reativas. Contudo, a estabilidade relativa dos radicais alquila simples decresce conforme a sequência:

Radical terciário > Radical secundário > Radical primário > Radical metila

Figura 3.12 – Estruturas dos radicais terciário, secundário, primário e metila

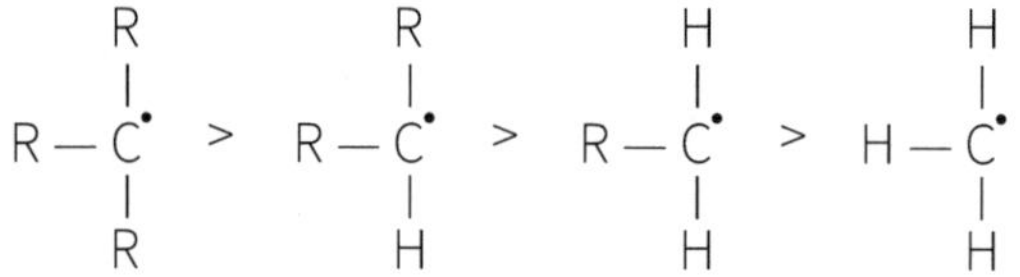

$$R-\overset{\overset{R}{|}}{\underset{\underset{R}{|}}{C^{\bullet}}} \quad > \quad R-\overset{\overset{R}{|}}{\underset{\underset{H}{|}}{C^{\bullet}}} \quad > \quad R-\overset{\overset{H}{|}}{\underset{\underset{H}{|}}{C^{\bullet}}} \quad > \quad H-\overset{\overset{H}{|}}{\underset{\underset{H}{|}}{C^{\bullet}}}$$

A estabilidade observada deve-se à facilidade relativa com que a ligação C–H do alcano precursor sofre a quebra (cisão) homolítica. Também é possível verificar um efeito sobre o radical formado que pode ajudar na estabilização do átomo de carbono que contém o elétron desemparelhado, o chamado *efeito indutivo*. Esse efeito pode ser comparado à polarização das ligações, em que não ocorrem transferências de elétrons entre os grupos vizinhos, somente um redirecionamento da nuvem eletrônica.

Quanto aos derivados de alcanos, destacamos aqueles que podem ser obtidos pela substituição de um ou mais hidrogênios da cadeia hidrocarbônica por halogênios (flúor, cloro, bromo e iodo). Os produtos formados são os chamados *haletos de alquila* ou *haletos orgânicos*. Esses compostos são importantes não só porque são precursores em reações orgânicas mais complexas, mas também porque são produtos industriais, como o triclorometano ($CHCl_3$), o tetraclorometano (CCl_4) e o 1,1,1-tricloroetano ($C_2H_3Cl_3$), amplamente usados como solventes.

Há, ainda, o diclorodifluorometano (freon 12 – CCl_2F_2), usado antigamente como gás de refrigeradores e aerossóis, substituídos em razão dos efeitos destrutivos dos compostos sobre a camada de ozônio (O_3), formada ao redor do planeta Terra e que nos protege de radiação nociva advinda do espaço. Outros haletos orgânicos são os pesticidas, produtos de elevada toxidez para nosso sistema biológico.

Por apresentarem em sua estrutura grupos mais eletronegativos que o átomo de carbono, os haletos de alquila têm em suas ligações um forte efeito de polarização, na qual o carbono suporta a carga positiva, e o halogênio, a carga negativa. Logo, há a formação de dipolo na molécula que interage com suas vizinhas por meio da parte com carga contrária, as interações ditas *dipolo-dipolo*, que vimos anteriormente.

Figura 3.13 – Interação molecular dipolo-dipolo entre moléculas de fluorometano

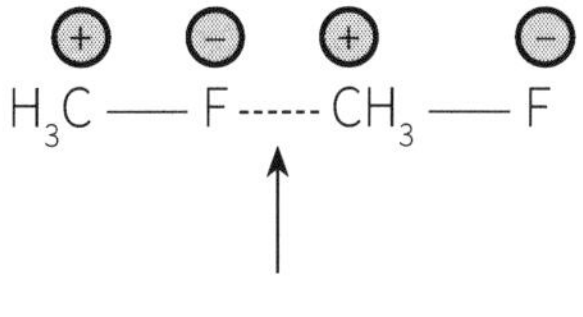

$$\overset{\oplus}{H_3C} - \overset{\ominus}{F} \cdots \overset{\oplus}{CH_3} - \overset{\ominus}{F}$$

Como apresentam massas molares maiores que seus respectivos hidrocarbonetos de origem, os haloalcanos têm temperatura de ebulição maior. Quanto maior for o haleto presente na estrutura, maior será sua temperatura de ebulição.

3.5 Propriedades físico-químicas e biológicas dos hidrocarbonetos

Ao observarmos as propriedades físico-químicas de alcanos, alcenos e alcinos, percebemos que são compostos pouco polares. As forças intermoleculares que atuam sobre suas moléculas são do tipo dipolo induzido-dipolo induzido, ou forças de Van der Waals. A intensidade dessas interações intermoleculares varia de acordo com o tipo de cadeia encontrada: é mais forte em cadeias do tipo linear, cuja área de contato é maior. Em temperatura ambiente (25 °C), estruturas com até 4 carbonos não ramificados geralmente são gases; de 5 a 17 carbonos são líquidos; os demais, acima de 18 carbonos, apresentam-se no estado sólido.

Alcanos com mesmo número de átomos de carbonos têm sua temperatura de ebulição diminuída em função do aumento do número de ramificações em sua cadeia, uma vez que ramificações não contribuem para o contato entre as cadeias de moléculas vizinhas. O mesmo ocorre com alcenos, dadas suas insaturações (ligações duplas), que alteram a geometria molecular da cadeia.

A variação da temperatura de fusão não é tão regular como observada na temperatura de ebulição, pois as moléculas no estado sólido encontram-se muito próximas umas das outras.

Já a densidade aumenta com o número de átomos de carbono, alcançando o valor máximo de 0,956 g cm^{-3} no caso do plástico polietileno.

Os hidrocarbonetos, em razão da inexistência de polaridade, são insolúveis em água e solúveis em solventes pouco polares, como éter dietílico $((C_2H_5)_2O)$, clorofórmio $(CHCl_3)$, benzeno (C_6H_6) e tolueno (C_7H_8).

Já as propriedades biológicas variam de acordo com a extensão da cadeia carbônica. O metano, por exemplo, é aparentemente inerte; outros alcanos gasosos, no entanto, podem atuar como anestésico ou causar problemas cardíacos. Em altas doses, os alcanos podem causar deficiência respiratória, bem como depressão do sistema nervoso central.

Contudo, comparados a outros grupos de compostos orgânicos, os alcanos são considerados pouco tóxicos, exceto o hexano (C_6H_{14}), componente comum da gasolina, que pode ser extremamente tóxico. Essa toxidade deve-se à oxidação, no organismo humano, que resulta na formação de hexan-2-ona $(C_6H_{12}O)$ e hexano-2,5-diona $(C_6H_{10}O_2)$, cetonas que podem envolver-se em reações com o aminoácido lisina, presente em proteínas de fibras do sistema nervoso, causando desorganização mecânica nas células.

Nesse grupo, destacamos os alcanos comumente chamados de *parafinas*, do latim *parum affinis,* que significa "pouca afinidade". Esse composto apresenta pequena reatividade com a maioria dos reagentes encontrados em laboratório. No entanto, com oxigênio e halogênios, os alcanos conseguem reagir bem sob determinadas condições.

Como exemplo de reação com oxigênio, citamos o metano, um gás natural combustível que reage com esse elemento de acordo com a equação a seguir, cujos produtos da reação são dióxido de carbono e água.

$$CH_{4(g)} + 2O_{2(g)} \rightarrow CO_{2(g)} + 2H_2O_{(l)} \qquad \Delta H_c = -890 \text{ kJ mol}^{-1}$$

Para ilustrar a reação de um alcano com um halogênio, podemos citar a **reação do metano com o gás cloro (Cl_2)**, que ocorre somente quando a mistura dos dois compostos é irradiada com luz ultravioleta. Esse fenômeno pode levar à formação de diferentes compostos clorados, como clorometano (CH_3Cl), diclorometano (CH_2Cl_2), clorofórmio ($CHCl_3$) e tetracloreto de carbono (CCl_4). Fatores como quantidade dos reagentes e tempo da reação são significativos para a reação de substituição dos átomos de hidrogênio por átomos de cloro, que ocorre conforme as equações a seguir.

$$CH_4 + Cl_2 \rightarrow CH_3Cl + HCl$$

$$CH_4 + 2Cl_2 \rightarrow CH_2Cl_2 + 2HCl$$

$$CH_4 + 3Cl_2 \rightarrow CHCl_3 + 3HCl$$

$$CH_4 + 4Cl_2 \rightarrow CCl_4 + 4HCl$$

Síntese

A Figura 3.14, a seguir, é um resumo ilustrado deste capítulo. Por meio dela é possível identificar as subdivisões encontradas no grupo dos hidrocarbonetos, juntamente aos conceitos relacionados ao tipo de cadeia carbônica.

Observe a imagem começando pelos hidrocarbonetos alifáticos. Na sequência, perceba que essas cadeias podem ser do tipo aberta (linear) ou fechada (cíclica). Em seguida, atente que as cadeias abertas, conforme o tipo de ligação, recebem o nome de *alcanos*, *alcenos* ou *alcinos* e assim por diante.

Figura 3.14 – Organograma das estruturas de hidrocarbonetos

```
Hidrocarbonetos ─┬─ Alifáticos ─┬─ Cadeia aberta ─┬─ Alcanos
                 │              │                 ├─ Alcenos
                 │              │                 └─ Alcinos
                 └─ Aromáticos  └─ Cadeia fechada ─┬─ Cicloalcanos
                                                   ├─ Cicloalcenos
                                                   └─ Cicloalcinos
```

No caso dos hidrocarbonetos de cadeia aberta, a fórmula geral usada para prever estruturas de alcanos lineares é C_nH_{2n+2}, para alcenos lineares é C_nH_{2n} e para alcinos lineares é C_nH_{2n-2}.

Atividades de autoavaliação

1. Os alcanos são compostos formados por:
    a) carbono e hidrogênio cujas ligações simples ocorrem entre átomos de carbono com hibridização do tipo sp^3.
    b) carbono e hidrogênio cujas ligações duplas ocorrem entre átomos de carbono com hibridização do tipo sp^3.

c) carbono e hidrogênio cujas ligações simples ocorrem entre átomos de carbono com hibridização do tipo sp.
d) carbono e hidrogênio cujas ligações triplas ocorrem entre átomos de carbono com hibridização do tipo sp^3.
e) carbono e hidrogênio cujas ligações simples ocorrem entre átomos de carbono com hibridização do tipo sp^2.

2. Os alcenos são compostos formados por:
a) carbono e hidrogênio cujas ligações duplas ocorrem entre átomos de carbono com hibridização do tipo sp^2.
b) carbono e hidrogênio cujas ligações duplas ocorrem entre átomos de carbono com hibridização do tipo sp.
c) carbono e hidrogênio cujas ligações triplas ocorrem entre átomos de carbono com hibridização do tipo sp^2.
d) carbono e hidrogênio cujas ligações duplas ocorrem entre átomos de carbono com hibridização do tipo sp^3.
e) Nenhuma das alternativas está correta.

3. Os alcinos são compostos formados por:
a) carbono e hidrogênio cujas ligações triplas ocorrem entre átomos de carbono com hibridização do tipo sp.
b) carbono e hidrogênio cujas ligações triplas ocorrem entre átomos de carbono com hibridização do tipo sp^3.
c) carbono e hidrogênio cujas ligações triplas ocorrem entre átomos de carbono com hibridização do tipo sp^2.
d) carbono e hidrogênio cujas ligações duplas ocorrem entre átomos de carbono com hibridização do tipo sp.
e) Nenhuma das alternativas está correta.

4. Na nomenclatura de hidrocarbonetos, o prefixo refere-se ao número de carbonos; o infixo, à saturação da cadeia; e o sufixo, à função. Logo:
   a) se há 3 carbonos na cadeia principal, esta tem uma insaturação e trata-se de um hidrocarboneto, o propeno (C_3H_6).
   b) se há 3 carbonos na cadeia principal, esta tem uma insaturação e trata-se de um hidrocarboneto, o propidieno (C_3H_4).
   c) se há 3 carbonos na cadeia principal, esta tem uma insaturação e trata-se de um hidrocarboneto, o buteno (C_4H_8).
   d) se há 3 carbonos na cadeia principal, esta tem uma insaturação e trata-se de um hidrocarboneto, o butano (C_4H_{10}).
   e) Nenhuma das alternativas está correta.

5. Sobre grupo funcionais e ramificações, é **incorreto** afirmar:
   a) Grupos funcionais são grupos ou ligações específicas de átomos que conferem reatividade e propriedades a uma molécula.
   b) O grupo funcional de um alceno e alcino são suas ligações, dupla e tripla carbono-carbono respectivamente.
   c) Alcano tem grupo funcional relacionado à insaturação.
   d) Metila é uma ramificação ou o grupo alquila que advém do metano.
   e) Quando um anel benzênico está ligado a algum outro grupo de átomos em uma molécula, é chamado de *grupo fenila*.

Atividades de aprendizagem

Questões para reflexão

1. Faça uma pesquisa do uso de hidrocarbonetos sintéticos ou naturais com dupla e tripla ligação, como o eteno (C_2H_4) e o estradiol ($C_{18}H_{24}O_2$).

2. Faça uma pesquisa sobre a destilação fracionada de petróleo e verifique quais são os produtos obtidos.

Atividade aplicada: prática

1. Elabore um mapa mental das funções orgânicas dos hidrocarbonetos.

Capítulo 4

Grupos funcionais: álcool, amina e amida*

* Este capítulo foi elaborado com base em Barbosa (2011); Bruice (2014a, 2014b); Carey (2011a, 2011b); McMurry (1997); Solomons (2006).

Neste capítulo, analisaremos as propriedades e a nomenclatura dos grupos funcionais álcool, amina e amida. Para isso, vamos abordar os conceitos básicos desses compostos orgânicos. Em seguida, identificaremos as propriedades dos grupos funcionais e nomearemos, conforme a regra oficial, tais compostos.

Por fim, trataremos das propriedades químicas e físicas desses elementos e de suas principais utilidades no cotidiano.

4.1 Álcool, amina e amida: o que são?

Álcool é todo grupo de moléculas que apresentam um grupo OH ligado a um carbono do tipo sp^3 de um grupo alquila (R–OH). Um exemplo é o *metanol* (CH_3OH), composto com elevada toxidade. Nos casos em que a hidroxila está ligada a um anel benzênico, há o composto fenol (Ar–OH) e, se existir uma hidroxila ligada a um carbono com dupla ligação carbono-carbono, há um enol, sendo possível considerar o composto uma forma isomérica instável de aldeído e cetona.

Figura 4.1 – Estruturas do álcool, do fenol e do efeito de ressonância enol-cetona/aldeído

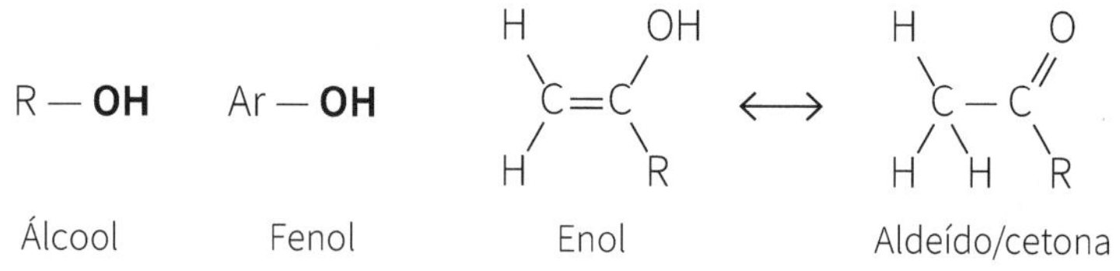

R — OH   Ar — OH

Álcool   Fenol   Enol   Aldeído/cetona

Aminas são compostos nitrogenados de marcante basicidade, os quais podem ser derivados orgânicos da amônia (NH_3).
Da mesma forma que o carbono, no metano o nitrogênio da amônia tem hibridização do tipo sp^3. O ângulo de ligação medido experimentalmente para H–N–H é de 107,3°, valor muito próximo dos ângulos do tetraedro encontrado no metano, de 109,5°. Um dos 4 orbitais sp^3 no nitrogênio é ocupado por 2 elétrons não ligantes, e os outros 3 orbitais híbridos têm um único elétron cada, pronto para fazer uma ligação covalente.

Figura 4.2 – Estrutura da amônia

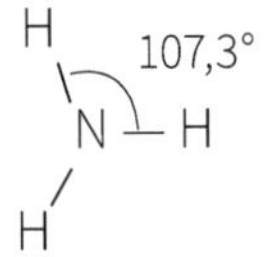

$$\begin{array}{c} H \\ \diagdown \\ N-H \\ \diagup \\ H \end{array} \quad 107{,}3°$$

As aminas podem ser classificadas como *alifáticas* (nome derivado da palavra grega *aleiphas,* que significa "gordura"), cujas cadeias são abertas, e aromáticas (no caso de apresentarem ciclos com ligações simples e duplas alternadas).

Existem compostos em que o nitrogênio está ligado a quatro grupos, que podem ser do tipo alquil, aril ou hidrogênio. Nesse caso, o nitrogênio é carregado positivamente, e o composto torna-se conhecido como *sal de amônio*.

Figura 4.3 – Sal de amônio quaternário

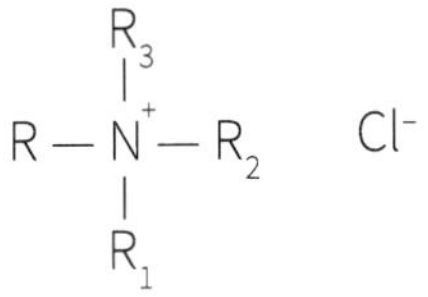

$$\begin{array}{c} R_3 \\ | \\ R-\overset{+}{N}-R_2 \quad Cl^- \\ | \\ R_1 \end{array}$$

O nome das aminas é dado citando-se o ânion, seguido da preposição *de* e do nome dos grupos ligados ao nitrogênio acrescido da terminação *amônio*. Como exemplo, vejamos o composto da figura a seguir.

Figura 4.4 – Cloreto de tetrametilamônio

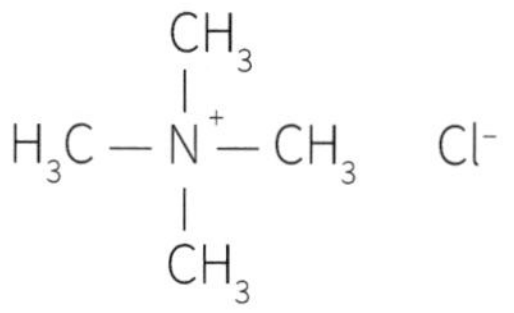

$$H_3C-\overset{\overset{\displaystyle CH_3}{|}}{\underset{\underset{\displaystyle CH_3}{|}}{N^+}}-CH_3 \quad Cl^-$$

Amidas são compostos derivados de ácidos carboxílicos que têm um grupo carbonila ligado a um átomo de nitrogênio que, por sua vez, encontra-se ligado a hidrogênios e/ou a grupos alquilas ou arilas (R). As fórmulas gerais das amidas são:

$RCONH_2$

RCONHR'

RCONR'R"

4.2 Classificação de álcoois, aminas e amidas

Álcoois são classificados em três grupos: primários, secundários e terciários, com base no grau de substituição do carbono ao qual o grupo hidroxila está diretamente ligado.

Nos casos em que o carbono ligado ao grupo hidroxila está no início da cadeia carbônica e tem somente outro carbono ligado a ele (R), temos um **álcool primário**. Um exemplo é o etanol (H_3C-CH_2OH), que tem um único grupo carbônico ligado ao carbono ligado à hidroxila.

Se o grupo hidroxila está ligado a um carbono que tem outros 2 átomos de carbono ligados a ele (R e R_1), temos um **álcool secundário**. Como exemplo, citamos o isopropanol ($H_3C-HCOH-CH_3$).

Da mesma forma, o **álcool terciário** é aquele cujas hidroxilas estão ligadas a carbonos terciários, ou seja, carbonos ligados a 3 carbonos ou cadeia carbônica (R, R_1 e R_2).

Figura 4.5 – Estruturas dos álcoois primário, secundário e terciário

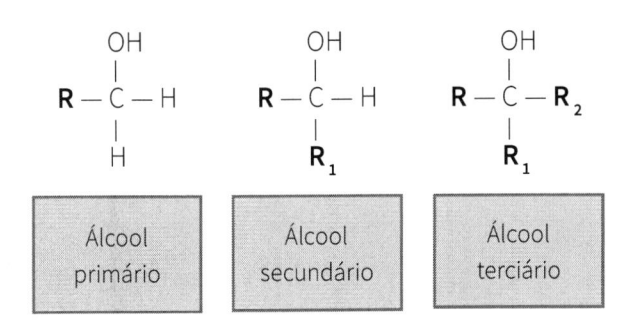

$$\begin{array}{ccc} OH & OH & OH \\ | & | & | \\ R-C-H & R-C-H & R-C-R_2 \\ | & | & | \\ H & R_1 & R_1 \end{array}$$

| Álcool primário | Álcool secundário | Álcool terciário |

Aminas apresentam um, dois ou três grupos orgânicos (alquil ou aril) ligados a um átomo de nitrogênio, formando, respectivamente, **aminas primárias** (RNH_2), **secundárias** (R_2NH) e **terciárias** (R_3N). A classificação é diferente dos álcoois, em que o carbono é considerado; no caso das aminas, a quantidade de grupos ligados ao nitrogênio é o que importa.

Figura 4.6 – Estruturas das aminas primária, secundária e terciária

1-metilbutanamina: amina alifática primária

fenilamina ou anilina: amina aromática primária

N-metilbenzilamina: amina alifática secundária

N,N-dimetilanilina: amina aromática terciária

Amidas podem apresentar somente hidrogênios ligados ao nitrogênio ou, ainda, um ou dois grupos orgânicos (alquil ou aril) ligados a um átomo de nitrogênio conectado à carbonila, formando, respectivamente, amidas primárias ($RCONH_2$), secundárias ($RCONHR'$) e terciárias ($RCONR'R$").

Figura 4.7 – Estruturas das amidas primária, secundária e terciária

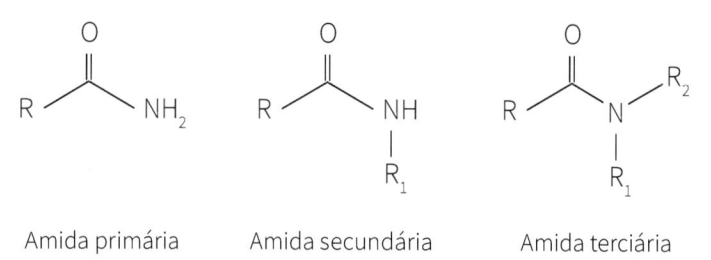

Amida primária

Amida secundária

Amida terciária

4.3 Nomenclatura de álcoois, aminas e amidas

Uma maneira de nomear os **álcoois** consiste em trocar a terminação -*ila* do grupo alquila que está ligado à hidroxila (OH) pela terminação -*ol* ou, ainda, utilizar a terminação -*ílico* e adicionar a palavra *álcool* antes do nome do grupo.

Um exemplo é o grupo propila ($H_3C-H_2C-CH_2-$), que pode ser chamado de *álcool propílico* ou *propanol* ($H_3C-H_2C-CH_2OH$) ou, ainda, o ciclobutil (C_4H_7-), que pode tornar-se o *ciclobutanol*.

Figura 4.8 – Estrutura do ciclobutanol

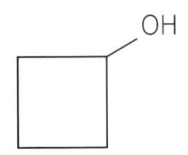

Se mais de uma hidroxila estiver presente na estrutura, usam-se as terminações -*diol*, -*triol* ou -*poliol*. A numeração da cadeia carbônica é feita de maneira que o carbono com hidroxila receba o menor número; se houver outros grupos substituintes, a nomenclatura ocorre por ordem alfabética.

Como exemplos, vejamos os compostos a seguir.

Figura 4.9 – Estruturas dos álcoois 4-metilpentan-1-ol ($C_6H_{14}O$), penta-4-en-1-ol ($C_5H_{10}O$) e pentan-1,2,3,5-tetraol ($C_5H_{12}O_4$)

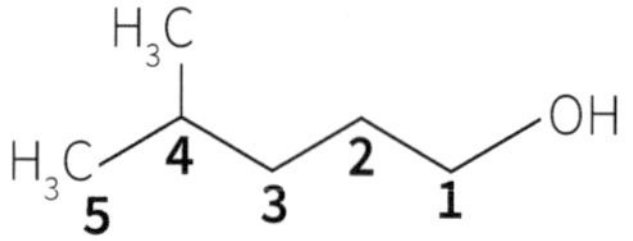

4-metilpentan-1-ol

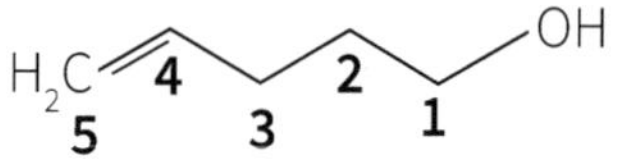

Penta-4-en-1-ol

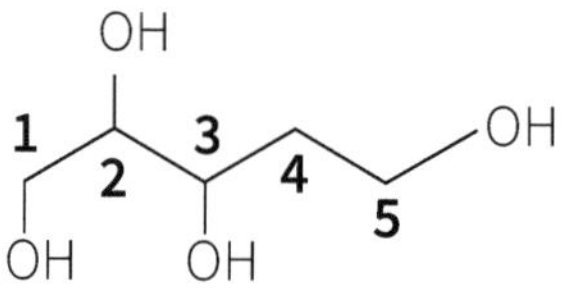

Pentan-1,2,3,5-tetraol

Outro grupo de compostos muito semelhantes aos álcoois são os **tióis**, que apresentam o grupo tiol (SH) no lugar do grupo hidroxila (OH). A principal característica dos compostos tióis é seu odor desagradável.

Da mesma forma, a nomenclatura é definida com a troca da terminação -ol por -tiol.

Figura 4.10 – Estrutura do 3-metilbutan-1-tiol ($C_5H_{12}S$)

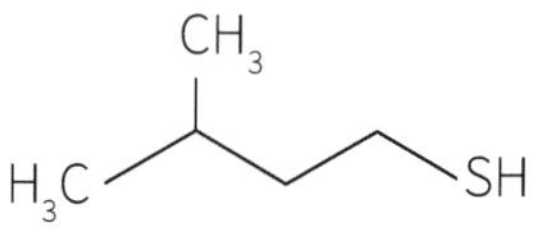

Para nomear as **aminas**, há três opções:

- citar o nome do grupo alquil ou aril (R) como prefixo, acrescido de -*azano*;
- usar o nome do hidrocarboneto parental retirando o final -*o*, que deve ser substituído pelo sufixo -*amina*; ou
- citar o grupo alquil/aril (R) seguido do sufixo -*amina*.

Vejamos alguns exemplos.

Figura 4.11 – Estrutura e nomenclatura dos compostos amínicos

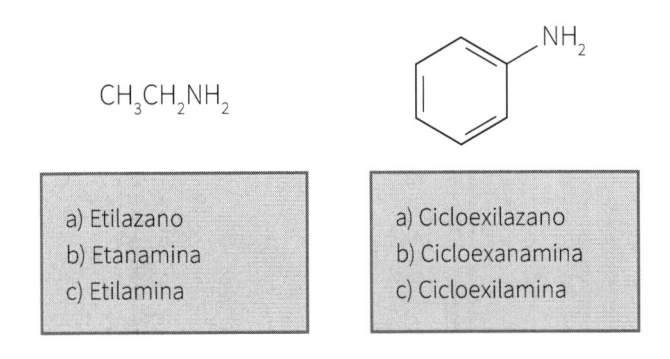

$CH_3CH_2NH_2$

a) Etilazano
b) Etanamina
c) Etilamina

a) Cicloexilazano
b) Cicloexanamina
c) Cicloexilamina

Em casos de cadeias ramificadas em que o grupo NH_2 não seja o principal, deve-se usar o prefixo *amino-*, a ordem alfabética para os grupos alquilas ligados ao átomo de nitrogênio sem o sufixo -*a*, mais os prefixos *di-* e *tri-* se os grupos forem iguais. Vejamos o exemplo da figura a seguir.

Figura 4.12 – Estrutura do 1-amino-3,4,6,6-tetrametil-heptan-2-ol ou 3,4,6,6-tetrametil-heptan-2-ol-1-amina ($C_{11}H_{25}N$)

Vários compostos nitrogenados heterocíclicos recebem nomes especiais que são considerados pela Iupac. Para esses compostos, a numeração deve iniciar sempre pelo heteroátomo em casos de substituição de grupos ligados ao anel. Vejamos a figura a seguir.

Figura 4.13 – Estruturas do pirrol, da piridina e da pirimidina

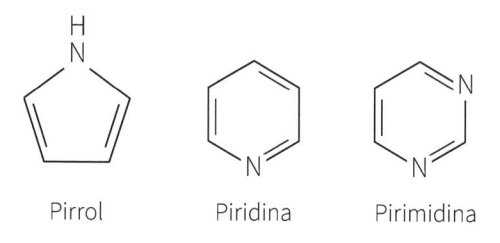

Pirrol   Piridina   Pirimidina

Para nomear as **amidas**, monoaciladas ou N-substituídas, deve-se definir a nomenclatura com base na observação da cadeia carbônica ligada ao átomo de nitrogênio, com o uso da palavra -*amida*.

Vamos verificar o exemplo a seguir, de amida monoacilada.

Figura 4.14 – Estrutura da etanamida ou acetamida (C_2H_5NO)

H_3C — NH_2

Como exemplo de amida N-substituída, temos o composto da figura a seguir.

Figura 4.15 – Estrutura da N-metiletanamida ou N-metilacetamida (C_3H_7NO)

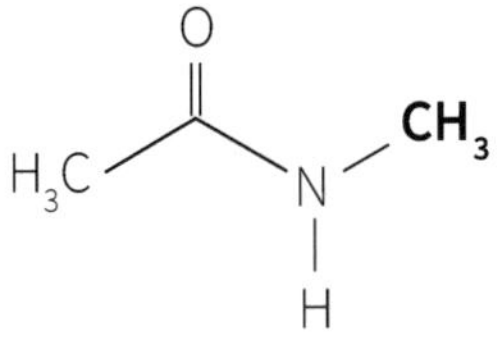

Por fim, vejamos um exemplo de amida N,N-substituída.

Figura 4.16 – Estrutura da N,N-dimetiletanamida ou N,N-dimetilacetamida (C_4H_9NO)

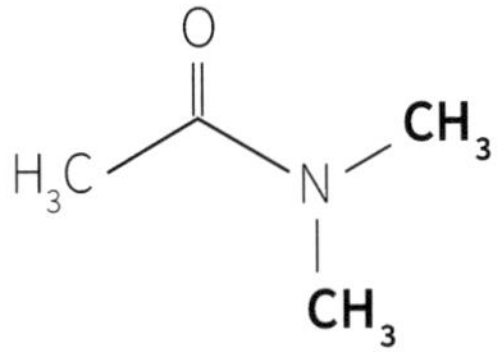

As amidas cíclicas recebem um nome diferenciado: *lactamas*.

Figura 4.17 – Estruturas das amidas cíclicas (lactamas)

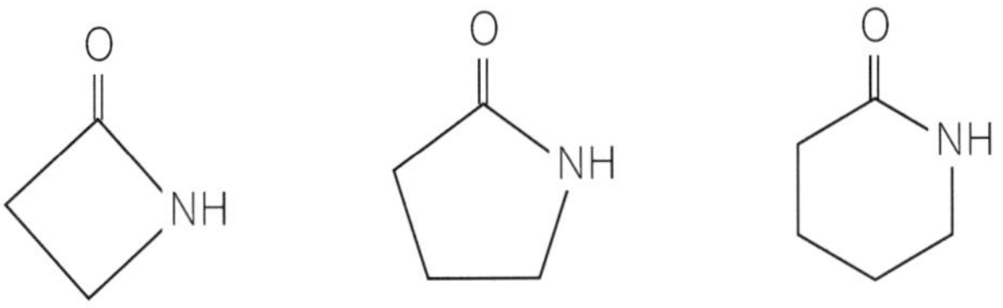

β-lactama   γ-lactama   δ-lactama

4.4 Propriedades físico-químicas de álcoois, aminas e amidas

Álcoois são de grande importância industrial e farmacológica. Um exemplo é o etanol, o álcool etílico (C_2H_5OH), simplesmente conhecido como *álcool*, que desde a Antiguidade é usado como componente essencial de bebidas em eventos sociais. Inicialmente, o álcool parece atuar como um estimulante, mas, na verdade, age sobre o sistema nervoso central como um supressor ou anestésico. É ainda utilizado como antisséptico em uma infinidade de produtos de higiene. No Brasil, desde a década de 1980, é usado como um combustível ambientalmente melhor que os derivados de petróleo, cujas fontes não são renováveis.

Desse grupo, podemos ainda citar o glicerol ($C_3H_8O_3$), muito utilizado na indústria de cosméticos, farmacêutica e de alimentos. Atua como umectante, preservando a umidade em cremes, colas, pastas de dentes e tabaco, para que esses produtos não sequem rapidamente. Em uma reação com ácido nítrico (HNO_3), pode ser convertido no potente explosivo trinitroglicerina ($C_3H_5N_3O_9$).

Outro exemplo é o etilenoglicol ($C_2H_6O_2$), fluido anticongelante para radiadores de carros expostos a baixas temperaturas. Além disso, é utilizado para produção do polímero poli (etilenotereftalato – $C_{10}H_8O_4$), o chamado PET.

Por fim, nesse grupo está o colesterol, um composto produzido por animais, presente em suas membranas celulares e que, em excesso, pode acumular-se no sistema circulatório, levando a doenças cardiovasculares.

Figura 4.18 – Estrutura do colesterol

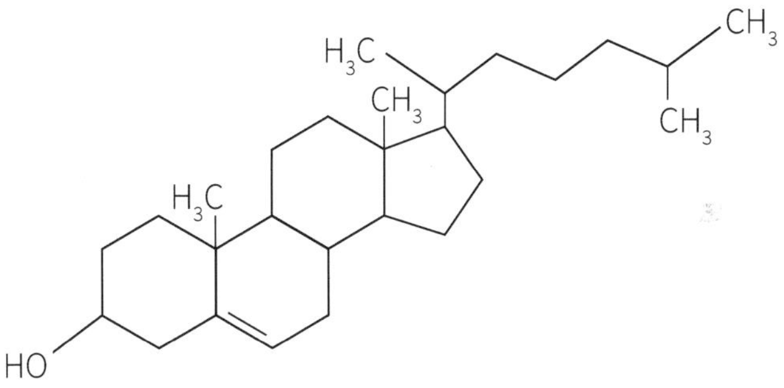

Quanto às propriedades físico-químicas, os álcoois apresentam temperaturas de fusão e de ebulição maiores que os alcanos, uma vez que a presença da hidroxila leva à formação de interações intermoleculares do tipo ligação de hidrogênio, as quais são interações fortes, fazendo com que as moléculas estejam fortemente unidas. Por esse motivo, é necessária mais energia para o rompimento desse tipo de interação, ou seja, para o composto se liquefazer ou evaporar, ele precisa de temperaturas mais altas.

Nos álcoois, as temperaturas de fusão e ebulição se elevam com o aumento da massa molar. A temperatura de ebulição é muito mais alta que a dos hidrocarbonetos de massa semelhante. Isso se deve ao fato de que hidrocarbonetos têm forças intermoleculares do tipo fraca; no caso dos álcoois, a ligação entre oxigênio e hidrogênio é muito polar, o que forma, entre suas moléculas, as interações de hidrogênio, citadas anteriormente.

Figura 4.19 – Interações de hidrogênio entre moléculas de álcoois

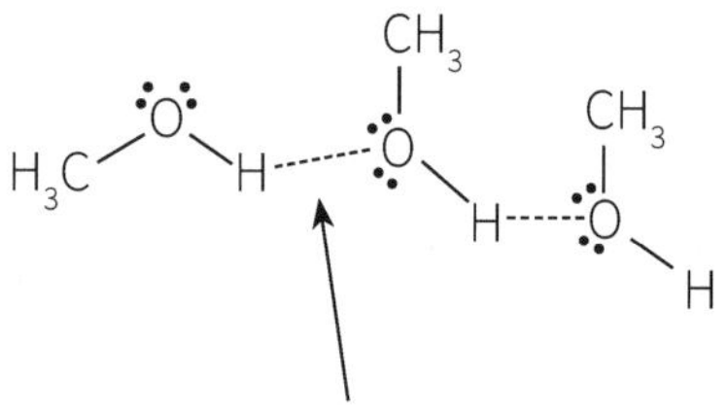

A solubilidade dos álcoois em água é maior quando até três grupos de carbono estão presentes em monoálcoois. Acima dessa quantidade, a cadeia carbônica passa a tornar os compostos menos hidrofílicos ("amigos da água"). Contudo, a presença de mais grupos hidroxila (OH) em uma mesma estrutura pode aumentar a solubilidade.

Aminas são semelhantes à amônia; ambas são bases fracas. Elas se comportam dessa maneira porque utilizam seu par de elétrons não compartilhado para aceitar um próton. De modo semelhante aos hidrocarbonetos, as temperaturas de fusão e ebulição das aminas cresce com o aumento da massa molar. Entretanto, a temperatura de ebulição da amina primária é maior que a da secundária e a da terciária, pois a amina primária pode fazer mais interações de hidrogênio entre suas moléculas.

Aminas voláteis normalmente têm odor bastante desagradável; se forem originárias da composição de proteínas por bactérias, são ainda mais marcantes.

Sobre a solubilidade em água, é possível afirmar que, nas aminas, ocorre facilmente em compostos com cadeia carbônica menor, com até 5 carbonos.

Algumas aminas conhecidas:

- anfetamina: $C_9H_{13}N$ (amina primária), um poderoso e perigoso estimulante;
- dopamina: $C_8H_{11}NO_2$ (também amina primária), um importante neurotransmissor cuja diminuição no organismo está associada a problemas neurológicos, como a doença de Parkinson;
- nicotina: $C_{10}H_{14}N_2$ (que tem um grupo amino secundário e um terciário), um composto tóxico encontrado no tabaco que causa o vício em fumantes.

Figura 4.20 – Estruturas da anfetamina, da dopamina e da nicotina

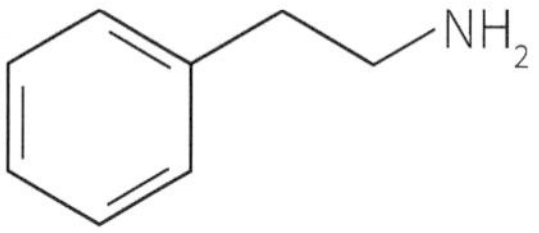

Anfetamina

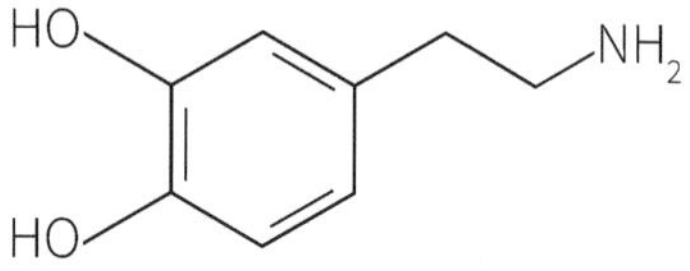

Dopamina

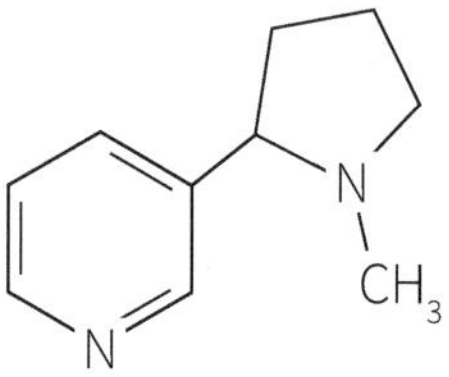

Nicotina

Amidas são polares e fazem ligações de hidrogênio por terem, em sua estrutura, átomos de oxigênio, nitrogênio e hidrogênio. Consequentemente, apresentam pontos de fusão e de ebulição elevados e, normalmente, são sólidas e mais densas que a água. São mais solúveis em solventes orgânicos.

Como representantes das amidas, citamos o **náilon** ($C_{12}H_{22}N_2O_2$), um polímero formado por grupos amida repetidos regularmente. Alguns antibióticos têm, em sua estrutura, o anel β-lactama, por exemplo, penicilinas e cefalosporinas, os quais inibem a síntese da parede celular bacteriana, com efeito letal sobre as bactérias, especialmente sobre as gram-positivas.

Figura 4.21 – Estruturas do náilon e da amoxicilina

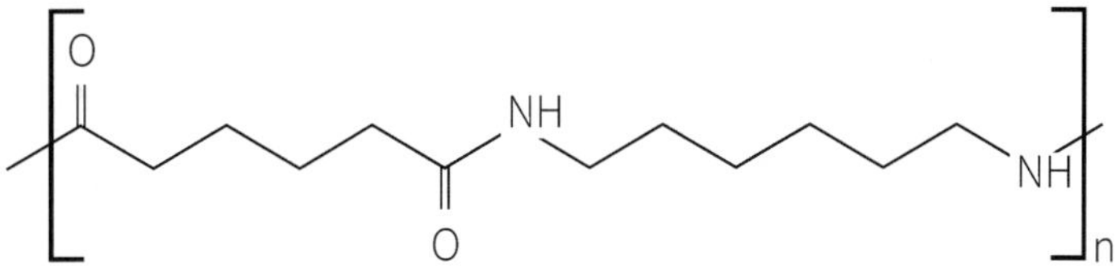

Náilon

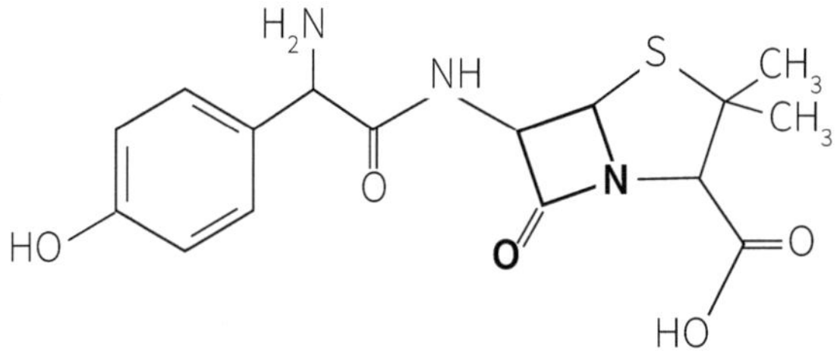

Amoxicilina
(destaque para o grupo amida)

Síntese

Para sintetizar este capítulo, elaboramos o esquema a seguir, que contempla as principais características dos três grupos analisados, álcool, amina e amida.

Figura 4.22 – Principais características das funções orgânicas álcool, amina e amida

Álcool
- Tem OH na estrutura carbônica. Classificado em três grupos: **álcool primário**, **álcool secundário** e **álcool terciário**, conforme o grau de substituição do carbono ao qual o grupo hidroxila está diretamente ligado.
- Nomenclatura: adiciona-se a terminação -*ol* ou forma-se *álcool -ílico*.
- Exemplo: etanol ou álcool etílico.

Amina
- Derivada da substituição de um ou mais hidrogênios da amônia (NH_3) por grupos orgânicos (alquil ou aril), formando **aminas primárias**, **secundárias** ou **terciárias**.
- Nomenclatura: adiciona-se a terminação -*amina* após o nome da cadeia carbônica.
- Exemplo: etanamina.

Amida
- Tem um ou dois grupos orgânicos (alquil ou aril) ligados a um átomo de nitrogênio, este ligado a uma carbonila, formando **amidas primárias**, **secundárias** e **terciárias**.
- Nomenclatura: adiciona-se a terminação -*amida* após o nome da cadeia carbônica.
- Exemplo: N-metiletanamida.

Atividades de autoavaliação

1. Os álcoois são compostos:
   a) com grupo NH em sua estrutura carbônica e terminação -ol em seus nomes.
   b) com grupo OH em sua estrutura carbônica e terminação -ol em seus nomes.
   c) com grupo OH em sua estrutura carbônica e terminação -amida em seus nomes.
   d) com grupo OH em sua estrutura carbônica e terminação -amina em seus nomes.
   e) Nenhuma das respostas está correta.

2. As aminas são compostos:
   a) com grupo RNH_2, R_2NH ou R_3N em sua estrutura carbônica e terminação -ol em seus nomes.
   b) com grupo RNH_2, R_2NH ou R_3N em sua estrutura carbônica e terminação -amina em seus nomes.
   c) com grupo $RCONH_2$, $RCONHR^1$ ou $RCONHR^1R^2$ em sua estrutura carbônica e terminação -amina em seus nomes.
   d) com grupo RNH_2, R_2NH ou R_3N em sua estrutura carbônica e terminação -amida em seus nomes.
   e) Nenhuma das respostas está correta.

3. As amidas são compostos:
   a) com grupo $RCONH_2$, $RCONHR^1$ ou $RCONHR^1R^2$ em sua estrutura carbônica e terminação -amida em seus nomes.
   b) com somente grupo NH em sua estrutura carbônica e terminação -ol em seus nomes.

c) com grupo OH em sua estrutura carbônica e terminação -*amida* em seus nomes.
d) com grupo RNH_2, R_2NH ou R_3N em sua estrutura carbônica e terminação -*amina* em seus nomes.
e) Nenhuma das respostas está correta.

4. A respeito das classificações primárias, secundárias ou terciárias, assinale a alternativa **incorreta**:
   a) Um álcool pode ser classificado de acordo com o carbono a que o grupo OH está ligado.
   b) Uma amina é classificada de acordo com a substituição dos hidrogênios do grupo RNH_2.
   c) A amida, assim como a amina, pode ser classificada de acordo com a substituição dos hidrogênios do grupo $RCONH_2$.
   d) Só o carbono pode determinar se álcoois, aminas e amidas são primários, secundários ou terciários.
   e) Nenhuma das respostas anteriores é incorreta.

5. Sobre as estruturas de álcoois, aminas e amidas, **não** é possível afirmar que:
   a) a quantidade de hidroxilas pode ser identificada no nome dos álcoois como monool, diol, triol, e assim consecutivamente.
   b) a contagem da cadeia carbônica começa pelo carbono que contém o grupo OH.
   c) aminas têm nitrogênio ligado à cadeia carbônica, e os grupos R podem ser alquil ou aril.

d) amidas têm carbonila ligada a um nitrogênio, que pode ser mono ou dissubstituído.

e) Nenhuma das respostas anteriores é incorreta.

Atividades de aprendizagem

Questões para reflexão

1. Além dos álcoois que vimos neste capítulo, pesquise outros de interesse comercial ou biológico e apresente-os.

2. Faça uma pesquisa sobre o que são aminoácidos, quais são os exemplares essenciais e para que servem.

Atividade aplicada: prática

1. Elabore um mapa mental com as principais características das funções orgânicas álcool, amina e amida.

Capítulo 5

Grupos funcionais: fenol, éter, aldeído e cetona*

---

* Este capítulo foi elaborado com base em Barbosa (2011); Bruice (2014a, 2014b); Carey (2011a, 2011b); McMurry (1997); Solomons (2006).

Neste capítulo, abordaremos as propriedades e a nomenclatura dos grupos funcionais fenol, éter, aldeído e cetona. Para isso, inicialmente, vamos relembrar o que são esses compostos orgânicos. Em seguida, identificaremos suas propriedades e trataremos da nomenclatura conforme a regra oficial. Por fim, evidenciaremos suas propriedades químicas e físicas e as principais utilidades desses compostos no cotidiano.

5.1 Fenol, éter, aldeído e cetona: definições e características

O **fenol** é um composto que contém um grupo hidroxila (OH) diretamente ligado a um anel aromático (ArOH). O membro mais simples que dá nome a essa classe de compostos apresenta a fórmula C_6H_6O – o fenol.

Esse composto pode ser comparado a um tipo específico de álcool, no qual o grupo hidroxila (OH) está ligado diretamente a um anel aromático. No entanto, o fenol é ligeiramente mais ácido em água se comparado aos álcoois. Essa característica ácida constitui-se pela presença de duplas ligações no anel aromático, as quais estabilizam o grupo negativamente carregado (Ar–O$^-$) formado pela saída do íon H$^+$, conforme a figura a seguir. Em determinações espectrofotométricas, na região do infravermelho, as vibrações do grupo OH tanto de fenóis quanto de álcoois ocorrem na mesma região, na faixa de 3.200-3.550 cm^{-1}, apresentando uma banda na maioria das vezes larga.

Figura 5.1 – Fenol e estruturas que estabilizam o composto após a saída de seu hidrogênio ácido

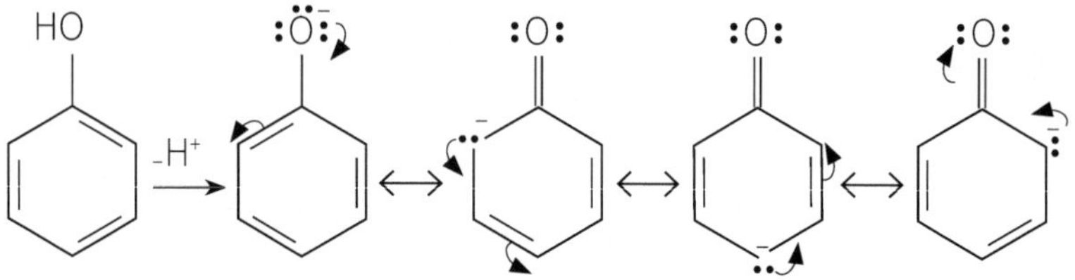

O **éter** é um composto que tem dois substituintes orgânicos ligados ao mesmo átomo de oxigênio (ROR'), logo apresenta ligações do átomo de oxigênio com carbonos. Nesse tipo de composto, a hibridização do átomo de oxigênio é do tipo sp^3, a qual leva a ângulos de 110° entre os grupos ligados a ele. Essa geometria provoca o momento de dipolo nas ligações entre carbono e oxigênio (C–O), conferindo uma pequena polarização, a qual, no entanto, não é suficiente para influenciar os pontos de fusão e de ebulição.

Figura 5.2 – Polarização do metoximetano (C_2H_6O)

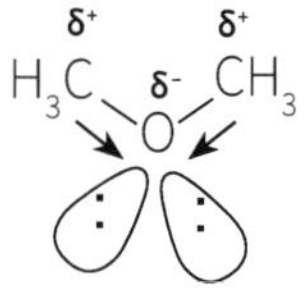

O **aldeído**, por sua vez, é um composto que contém o grupo funcional R–CHO.

Por fim, a **cetona** é um composto com dois substituintes orgânicos ligados a um grupo carbonila ($R_2C=O$). Esses dois compostos são muito parecidos: ambos contêm o grupo carbonila (C=O) em sua estrutura. A diferença é que a carbonila presente na cetona está ligada a 2 grupos alquil ou aril (R); já no aldeído, está conectada a 1 grupo alquil ou aril (R) e a 1 átomo de hidrogênio.

O aldeído mais simples é o metanal, ou formaldeído (CH_2O), que contém 2 hidrogênios ligados à carbonila. A cetona mais simples é a propan-2-ona (CH_3COCH_3).

Figura 5.3 – Estruturas do aldeído (metanal) e da cetona (propan-2-ona)

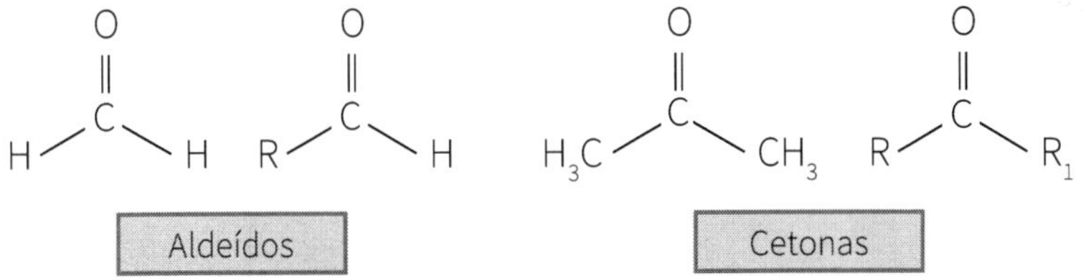

Aldeídos

Cetonas

5.2 Nomenclatura de fenóis, éteres, aldeídos e cetonas

Fenol é o nome do composto hidroxibenzeno. Entretanto, estruturas derivadas desse composto, como a creolina, um desinfetante industrial, são formadas por uma mistura de *orto*-metilfenol (C_7H_8O), *meta*-metilfenol e *para*-metilfenol. Isso revela que, se o substituinte, nesse caso o metil, estiver na posição 2 ou 6, contada a partir do carbono ligado à hidroxila (OH), usa-se o prefixo *orto*-; se a substituição ocorrer na posição

3 ou 5, usa-se o prefixo *meta-*; se a substituição acontecer no carbono 4, usa-se o prefixo *para-*.

Figura 5.4 – Estruturas do *orto*-metilfenol, do *meta*-metilfenol e do *para*-metilfenol

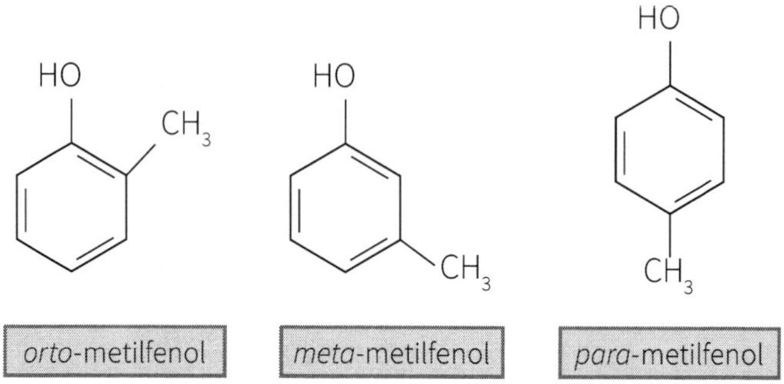

orto-metilfenol   meta-metilfenol   para-metilfenol

Para fenóis com mais de uma hidroxila, adotam-se as terminações *-diol*, *-triol* e assim sucessivamente. Compostos com 2 anéis ligados são chamados de *naftol* ($C_{10}H_8O$). Quando mais substituintes estão presentes em uma estrutura de fenol ou naftol, inicia-se a contagem da cadeia carbônica a partir do átomo de carbono ligado ao grupo hidroxila (OH) e nomeia-se conforme a ordem alfabética.

Figura 5.5 – Estruturas do benzeno-1,3-diol ($C_6H_6O_2$), do naftaleno-1,3-diol ($C_{10}H_8O_2$), do naftol ($C_{10}H_7O$) e do 2-cloro-3-metilnaftol (C_7H_7ClO)

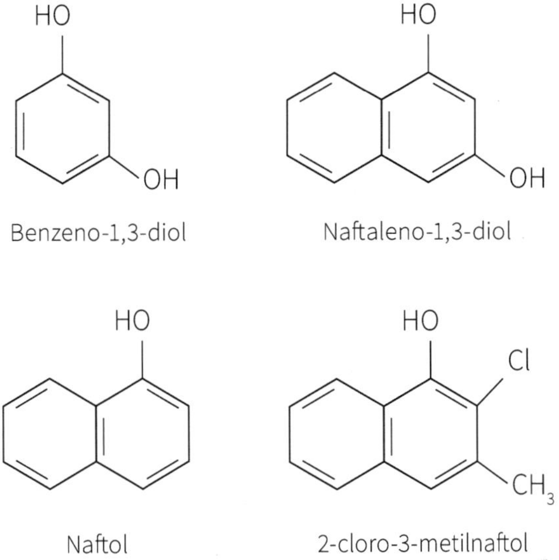

Benzeno-1,3-diol

Naftaleno-1,3-diol

Naftol

2-cloro-3-metilnaftol

Para nomear um **éter**, uma lista (na ordem alfabética) de ambos os grupos que estão ligados ao átomo de oxigênio é escrita, adicionando-se a palavra *éter*.

Figura 5.6 – Estrutura do etilmetiléter (C_3H_8O)

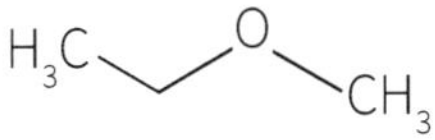

Conforme a Iupac, os éteres recebem nomes como *alcoxialcanos*, *alcoxialquenos* e *alcoxiarenos*. O grupo RO– é um grupo alcoxi. No caso da Figura 5.6, o composto é denominado *etoximetano*. Vejamos, também, outros exemplos de éteres.

Figura 5.7 – Estruturas do 1,2-dimetoxietano ($C_4H_{10}O_2$) e do 1-etoxi-4-metilbenzeno ($C_9H_{12}O$)

1,2-dimetoxietano   1-etoxi-4-metilbenzeno

Para éteres cíclicos, é usado o prefixo *oxa-*.

Figura 5.8 – Estruturas do oxaciclobutano (C_3H_6O), do oxaciclopentano (C_4H_8O) ou tetraidrofurano (THF) e do 1,4-dioxaciclo-hexano ou 1,4-dioxano ($C_4H_8O_2$)

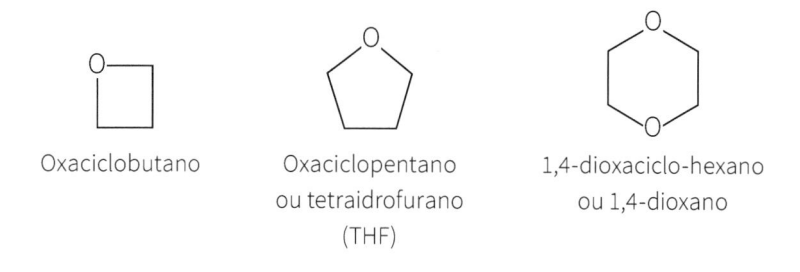

Oxaciclobutano   Oxaciclopentano ou tetraidrofurano (THF)   1,4-dioxaciclo-hexano ou 1,4-dioxano

Já um **aldeído** é nomeado com a substituição da terminação -*o* do hidrocarboneto que lhe deu origem pela terminação -*al*. Se for um dialdeído, usa-se -*dial* no nome. Em estruturas mais complexas com ramificações, segue-se a ordem alfabética para indicar os grupos laterais e, em seguida, adota-se a indicação da quantidade de carbono da cadeia principal e, por fim, as insaturações. Vamos observar os compostos a seguir.

- HCHO – metanal (ou formaldeído)
- CH_3CHO – etanal (ou acetaldeído)
- CH_3CH_2CHO – propanal
- $CH_3CH(CH_3)CH_2CHO$ – 3-metilbutanal
- $CH_3CH=CHCH_2CH_2CHO$ – hex-4-enal

Figura 5.9 – Estruturas do 3-metilexanodial ($C_7H_{12}O_2$) e do 6-etil-3,7-dimetilnon-3-en-8-inal ($C_{13}H_{20}O$)

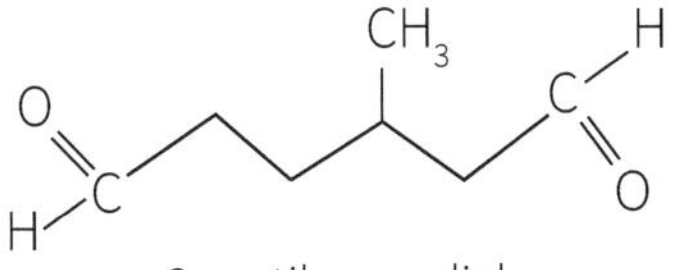

3-metilexanodial

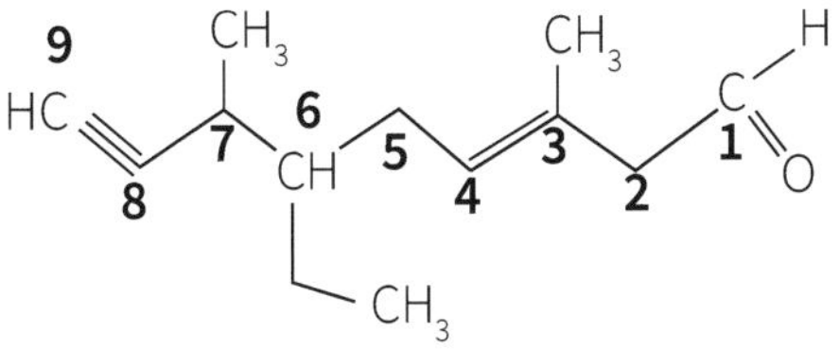

6-etil-3,7-dimetilnon-3-en-8-inal

Em sistemas com grupos CHO pertencentes a estruturas cíclicas, adotamos o nome -*carbaldeído*.

Figura 5.10 – Estrutura do ciclopentanocarbaldeído ($C_6H_{10}O$)

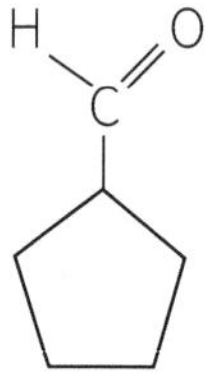

Em estruturas mais complexas com outros grupos de prioridade, o grupo CHO pode ser citado como um grupo formil.

Figura 5.11 – Estrutura do ácido 2-formiloctanoico ($C_9H_{16}O_3$)

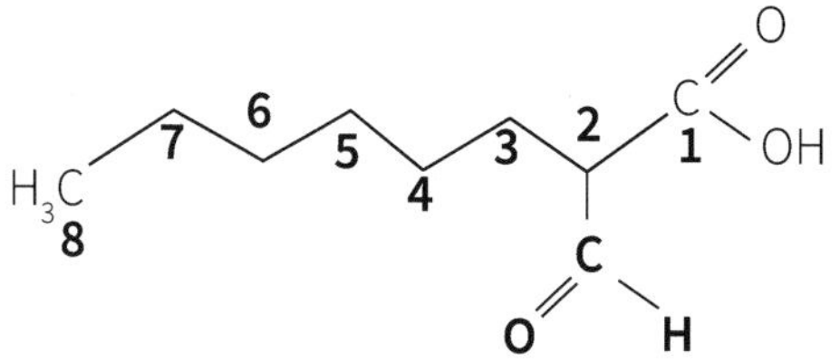

Nomes não sistemáticos também são aceitos para alguns compostos, como os apresentados na figura a seguir.

Figura 5.12 – Estruturas do benzaldeído (C_7H_6O) e do gliceraldeído ($C_3H_6O_3$)

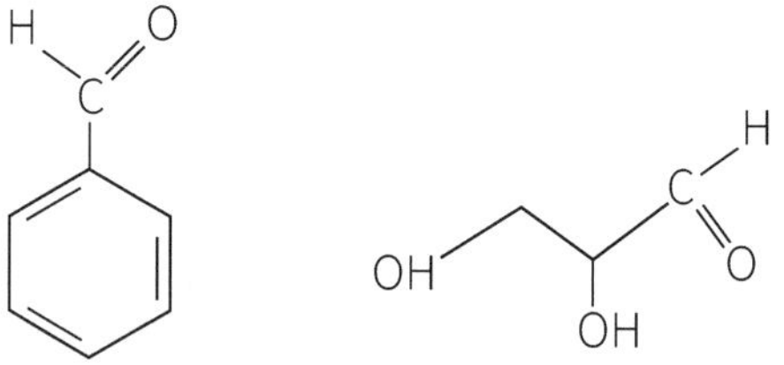

Benzaldeído   Gliceraldeído

Por fim, uma **cetona** é nomeada por meio da substituição do final -*o* de um alcano por -*ona*. A cadeia é numerada a partir do número mais baixo na direção do grupo carbonila (C=O). Em uma cetona cíclica, o grupo carbonila é considerado C–1, e o número não aparece no nome.

Figura 5.13 – Estruturas da hexan-3-ona ($C_6H_{12}O$), da 4-metilhexan-2-ona ($C_6H_{12}O$) e da 4-metilciclo-hexanona ($C_7H_{12}O$)

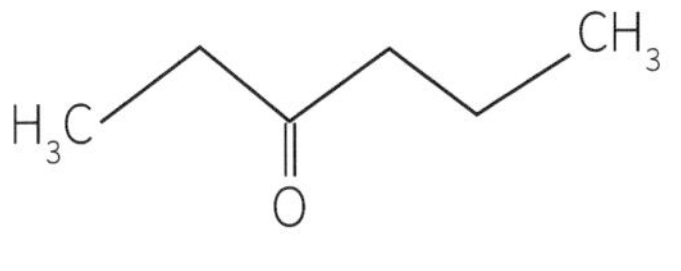

Hexan-3-ona

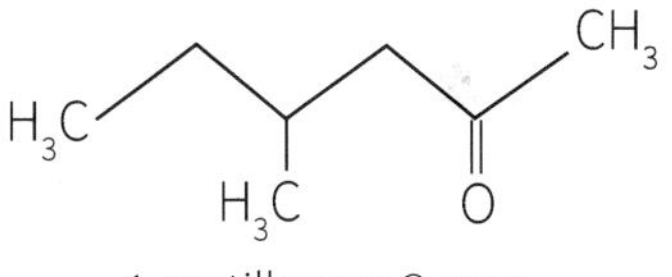

4-metilhexan-2-ona

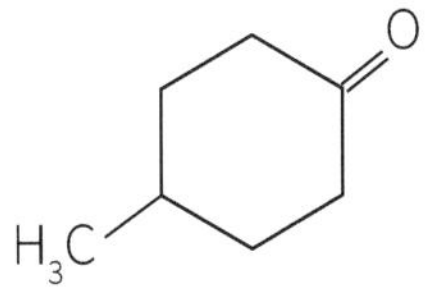

4-metilciclo-hexanona

Da mesma maneira que há prioridade para os aldeídos sobre a função álcool, as ligações duplas, os halogênios e os grupos alquila, assim acontece com a cetona na determinação do nome principal e do sentido da numeração. Nos casos em que aldeídos e cetonas encontram-se presentes na cadeia carbônica, os aldeídos têm a precedência na nomenclatura; o grupo com a carbonila da cetona é considerado um substituinte oxo da cadeia.

Para entender melhor, vejamos, a seguir, o exemplo do composto 2-metil-4-oxopentanal.

Figura 5.14 – Estrutura do 2-metil-4-oxopentanal ($C_6H_{10}O_2$)

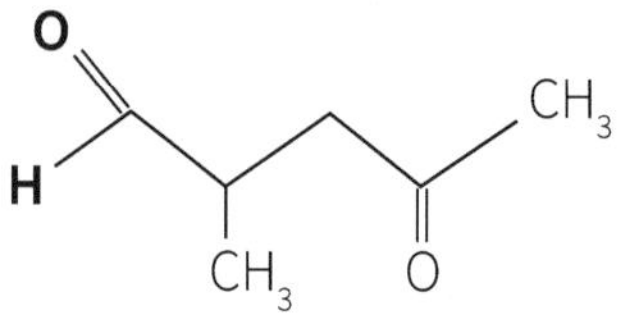

2-metil-4-oxopentanal

No sistema da Iupac, existem alguns nomes comuns aceitáveis para as cetonas. Entre eles, os compostos da imagem a seguir.

Figura 5.15 – Estruturas da acetona (propan-2-ona – C_3H_6O) e da benzofenona ($C_{13}H_{10}O$)

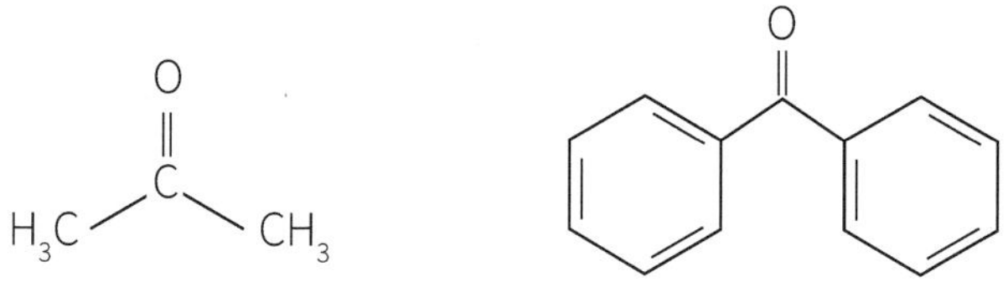

Acetona   Benzofenona

Um sistema de nomenclatura também aceito pela Iupac é o nome de classe funcional. Nele, o grupo carbonila atua como um "separador". O nome do composto é dado em ordem alfabética, citando-se os nomes dos dois grupos ligados ao grupo carbonila com o sufixo -ílica, tudo precedido pelo nome de classe, *cetona*.

Figura 5.16 – Estruturas da cetona dimetílica (acetona – C_3H_6O), da cetona difenílica (benzofenona – $C_{13}H_{10}O$) e da cetona propílica etílica ($C_6H_{12}O$)

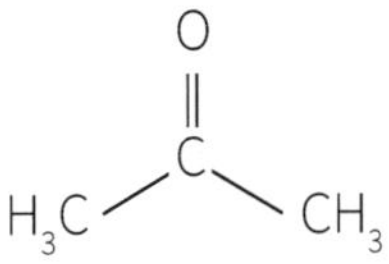

Cetona dimetílica

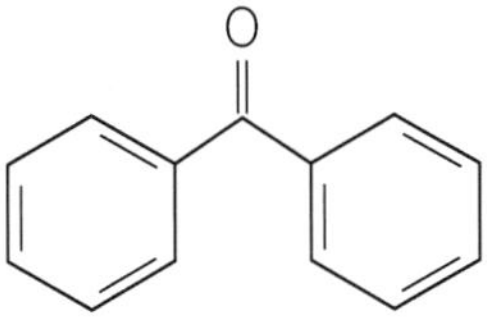

Cetona difenílica

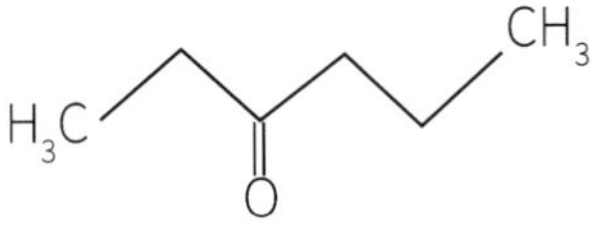

Cetona propílica etílica

5.3 Propriedades físico-químicas de fenóis, éteres, aldeídos e cetonas

O **fenol**, ou hidroxibenzeno, é líquido e incolor em temperatura ambiente, porém outros compostos cujas estruturas podem apresentar esse grupo normalmente são sólidos. A principal característica do fenol é sua propriedade antibacteriana e fungicida, o que faz com que seu uso seja frequente em produtos como desinfetantes e creolina, citada anteriormente.

No século XIX, o fenol foi usado em produtos de higiene, inclusive como antisséptico para cirurgias, o que resultou em uma redução de infecções pós-operatórias. Contudo, como causava queimaduras severas, foi substituído por derivados sintéticos, como o 4-hexilresorcinol ($C_{12}H_{18}O_2$), que é mais efetivo e causa menos danos à pele.

Outros compostos fenólicos com atividade antisséptica e aplicação medicinal são o salicilato de metila ($C_8H_8O_3$), que atua contra a dor muscular e é flavorizante, e o cloroxilenol (C_8H_9OCl), um composto contra os germes da doença pé de atleta e que pode ser usado em queimaduras solares.

Da classe dos conservantes alimentícios, podemos citar o BHT (do inglês *butylated hydroxytoluene*), que previne a oxidação de matéria orgânica, retardando a rancificação em alimentos e cosméticos que contêm ácidos graxos insaturados. O papel desses antioxidantes é oxidar-se mais facilmente que o material que se pretende proteger. No caso dos alimentos, ele reage com alguns radicais livres que se formam durante o processo de degradação dos ácidos graxos, aumentando o tempo de vida do produto. Outro antioxidante muito comum em cosméticos, usado também como revelador de fotografias, é a hidroquinona.

Figura 5.17 – Estruturas do 4-hexilresorcinol ($C_{12}H_{18}O_2$), do salicilato de metila ($C_8H_8O_3$), do cloroxilenol (C_8H_9OCl), do BHT ($C_{15}H_{24}O$), da hidroquinona ($C_6H_6O_2$) e do tetraidrocanabinol (THC – $C_{21}H_{30}O_2$)

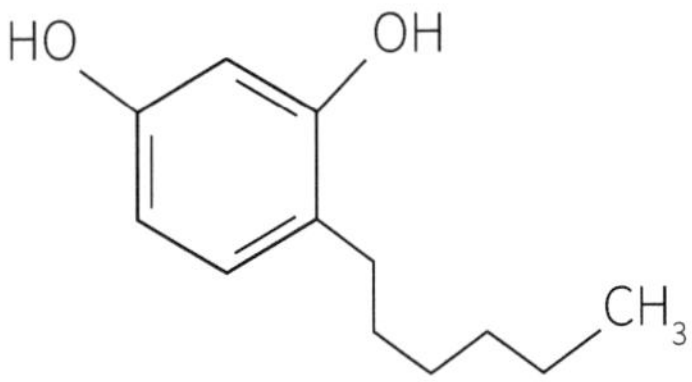

4-hexilresorcinol

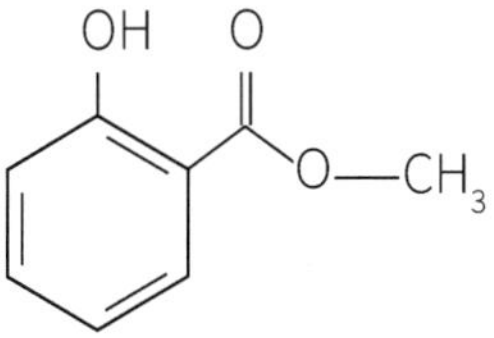

Salicilato de metila

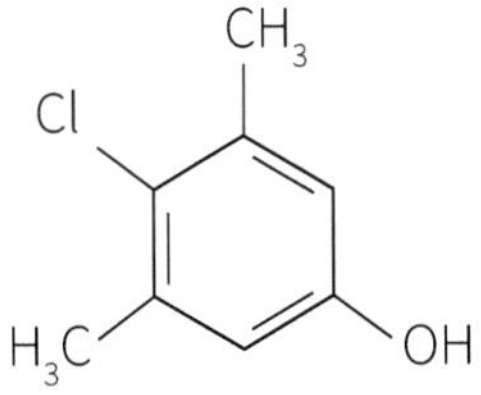

Cloroxilenol

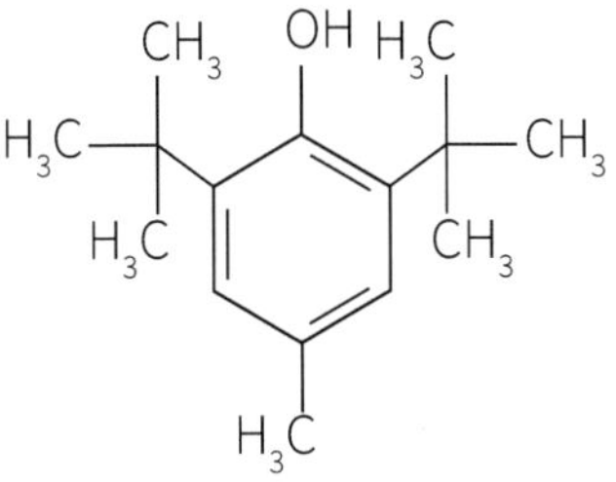

BHT

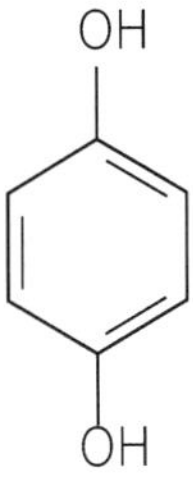

Hidroquinona

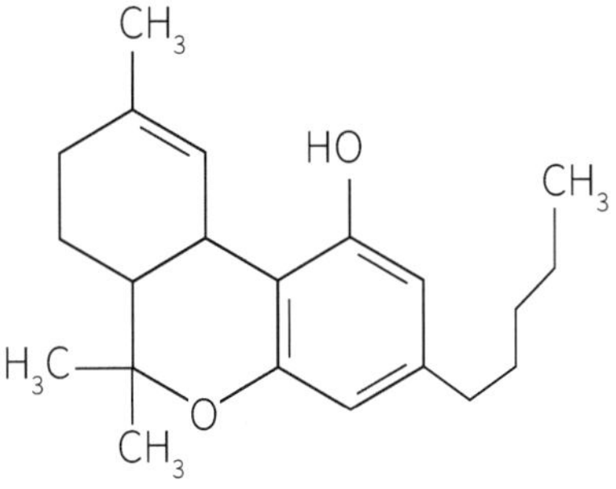

Tetraidrocanabinol (THC)

Por fim, não podemos deixar de citar que os fenóis são encontrados em grande quantidade na natureza. Como exemplos, temos a vitamina E e o composto THC (tetraidrocanabinol), princípio ativo da planta *Cannabis sativa*, comumente chamada de "maconha". O THC causa euforia, aumenta o apetite e acelera a pulsação, atuando principalmente no sistema nervoso, diminuindo náuseas e a pressão intraocular; por isso é usado como um composto psicotrópico atualmente legalizado no Brasil para uso medicinal.

A respeito das propriedades físico-químicas do fenol, por apresentar o grupo hidroxila (OH), o composto pode fazer ligações de hidrogênio e tornar-se solúvel em água. No entanto, se outros substituintes estiverem presentes no anel, ele torna-se insolúvel.

Já o **éter** tem ponto de ebulição comparável ao dos hidrocarbonetos de mesma massa molecular (MM). Por exemplo: o ponto de ebulição do dietiléter – $(C_2H_5)_2O$ (MM = 74) – é 34,6 °C; o do pentano – C_5H_{12} (MM = 72) – é 36 °C. Contudo, os éteres são capazes de formar ligações de hidrogênio com compostos como a água, o que, consequentemente, permite solubilidades similares às dos álcoois de mesma massa molecular.

Um composto éter de relevante atividade biológica são os éteres de coroa, cujas características cíclicas formam canais (poros) que se estendem através de membranas celulares. Como exemplos, temos os antibióticos gramicidina ($C_{60}H_{92}N_{12}O_{10}$) e valinomicina ($C_{54}H_{90}N_6O_{18}$). Por contarem com um ambiente rico em elétrons não ligantes dos átomos de oxigênio, os éteres de coroa são excelentes hospedeiros de íons positivos, como o K^+, em ligações do tipo ácido-base de Lewis. Essa capacidade de capturar íons positivos torna as membranas celulares permeáveis aos íons, destruindo o essencial gradiente de concentração existente dentro e fora das células bacterianas.

Muitos outros compostos éteres com estruturas variadas são encontrados na natureza, os quais atuam como sinalizadores biológicos para diferentes espécies, tanto animais como vegetais, e são responsáveis principalmente pela efetivação da reprodução desses seres.

Por fim, o **aldeído** e a **cetona** são amplamente encontrados na natureza como fragrâncias, hormônios, corantes e açúcares, entre outros.

A respeito da geometria e da polaridade desses compostos, podemos observar que o grupo carbonila apresenta ângulo de 120°, com comprimento da ligação C=O de 122 pm, inferior ao observado para a ligação C–O em álcoois e éteres (141 pm). A natureza muito polar do grupo carbonila torna os aldeídos e as cetonas um grupo altamente reativo.

De forma geral, os aldeídos e as cetonas têm elevados pontos de ebulição se comparados a alcenos, uma vez que as forças de interação entre as moléculas são do tipo dipolo-dipolo. Se comparados a álcoois, esses valores são inferiores, visto que grupos carbonila não podem realizar ligações de hidrogênio, como ocorre nos álcoois.

A respeito da solubilidade em água, aldeídos e cetonas, se comparados a alcenos, têm maiores valores, pois o oxigênio do grupo carbonila pode vir a formar ligações de hidrogênio com a água. Com relação aos álcoois, são pouco menos solúveis.

Síntese

A seguir, elaboramos um esquema com as principais características dos quatro grupos analisados: fenol, éter, aldeído e cetona.

Figura 5.18 – Principais características dos grupos funcionais fenol, éter, aldeídos e cetonas

Fenol
- Tem OH na estrutura aromática.
- Nomenclatura: *fenol* é o nome dado ao composto hidroxibenzeno, mas também pode ser usado em compostos com outros substituintes no anel além da hidroxila. Para indicar a posição do substituinte, usam-se os prefixos *orto-*, *meta-* e *para-*. Para fenóis com mais de uma hidroxila, adotam-se as terminações *-diol*, *-triol* etc.
- Exemplos: hidroxibenzeno ou fenol, *orto*-metilfenol, benzeno-1,3-*diol*.

Éter

- Tem dois substituintes orgânicos ligados ao mesmo átomo de oxigênio, ROR'.
- Nomenclatura: em ordem alfabética, cita-se o nome dos grupos ligados ao átomo de oxigênio e adiciona-se a palavra *éter*. Segundo a Iupac, o termo *oxi* deve estar entre o nome dos dois grupos. O primeiro nome deve ficar com o prefixo do menor número de carbonos. Para éteres cíclicos, usa-se o prefixo *oxa-*.
- Exemplo: etilmetiléter, metoxietano, oxaciclobutano.

Aldeído

- Apresenta composto com o grupo funcional R–CHO.
- Nomenclatura: adiciona-se a terminação *-al* após o nome da cadeia carbônica. Em sistemas com grupos CHO pertencentes a estruturas cíclicas, adota-se o nome *carbaldeído*. Em estruturas complexas, o grupo CHO pode ser citado como um grupo formil.
- Exemplo: metanal, ciclopentanocarbaldeído, ácido 2-formiloctanoico.

Cetona

- Tem dois substituintes orgânicos ligados a um grupo carbonila, $R_2C=O$.
- Nomenclatura: substitui-se o final *-o* de um alcano por *-ona*. O nome do composto é dado em ordem alfabética, citando-se os nomes dos dois grupos ligados ao grupo carbonila com o sufixo *-ílica*, tudo precedido pelo nome de classe, *cetona*.
- Exemplo: propan-2-ona (acetona), cetona butílica etílica.

Atividades de autoavaliação

1. O fenol é um composto com as seguintes características:
   a) um anel aromático ligado a um grupo carbonila com características ácidas.
   b) um anel aromático ligado a um grupo amina com características ácidas.
   c) um anel aromático ligado a um grupo hidroxila com características básicas.
   d) um anel aromático ligado a um grupo hidroxila com características ácidas.
   e) Nenhuma das respostas está correta.

2. O éter apresenta as seguintes características:
   a) um composto com duas cadeias orgânicas unidas por uma carbonila.
   b) um composto com duas cadeias orgânicas unidas por um átomo de nitrogênio.
   c) um composto com duas cadeias orgânicas unidas por um átomo de oxigênio e um de nitrogênio.
   d) um composto com duas cadeias orgânicas unidas por um átomo de oxigênio.
   e) Nenhuma das respostas está correta.

3. O aldeído é um composto com:
   a) uma carbonila terminal.
   b) uma carboxila terminal.
   c) duas carbonilas.
   d) duas carboxilas.
   e) Nenhuma das respostas está correta.

4. A cetona é um composto com:
   a) estrutura RCOOR.
   b) uma carbonila que une dois grupos orgânicos.
   c) uma carbonila terminal (RCOH).
   d) uma carboxila terminal (RCOOH).
   e) Nenhuma das respostas está correta.

5. Sobre fenol, éter, aldeído e cetona, é **incorreto** afirmar:
   a) Fenóis com grupos substituintes usam distinções de *orto-*, *meta-* e *para-* relativamente ao carbono que contém o grupo OH.
   b) Para éteres cíclicos, o prefixo *axo-* é usado.
   c) Aldeídos são nomeados substituindo a terminação *-o* do hidrocarboneto que lhe deu origem pela terminação *-al*.
   d) Cetonas são nomeadas substituindo o final *-o* de um alcano por *-ona*.
   e) Nenhuma das alternativas está correta.

Atividades de aprendizagem
Questões para reflexão

1. Faça uma pesquisa sobre as antocianinas e descubra a qual classe de compostos pertencem e que grupo funcional está presente em suas estruturas.

2. Faça uma pesquisa sobre carboidratos e verifique quais grupos funcionais vistos neste capítulo estão presentes em suas estruturas.

Atividade aplicada: prática

1. Elabore um mapa mental das funções orgânicas fenol, éter, aldeído e cetona.

Capítulo 6

Grupos funcionais: ácido carboxílico e éster*

---

* Este capítulo foi elaborado com base em Barbosa (2011); Bruice (2014a, 2014b); Carey (2011a, 2011b); McMurry (1997); Solomons (2006).

Neste capítulo, examinaremos as propriedades e a nomenclatura dos grupos funcionais ácidos carboxílicos e ésteres. Para isso, vamos relembrar o que são esses compostos orgânicos e tratar da identificação de suas propriedades e das principais utilidades no cotidiano. Também destacaremos como funciona a nomeação de tais compostos conforme a regra oficial.

6.1 Ácido carboxílico e éster: definições e características

Ácidos carboxílicos são compostos do tipo RCOOH, nos quais o grupo R pode ser um hidrogênio ou um grupo alquil/aril. Especificamente, o grupo –COOH é denominado *carboxila* ou *grupo carboxílico*. Possivelmente, é uma das classes de compostos orgânicos mais conhecidas. Inúmeros produtos naturais fazem parte desse grupo ou são derivados desse composto. Alguns deles são conhecidos há séculos, como o ácido acético – $C_2H_4O_2$ (do latim *acetum*, que significa "vinagre"), advindo do vinho que azedou.

A reação de formação do vinagre ocorre em razão de um processo chamado *fermentação*, fenômeno que acontece pela presença de microrganismos – nesse caso, de bactérias do gênero *Acetobacter*, que agem sobre o etanol contido na bebida na presença de oxigênio.

Figura 6.1 – Reação de formação do vinagre

$$CH_3CH_2OH + O_2 \xrightarrow{Acetobacter \ aceti} CH_3CO_2H + H_2O$$

Comparados a outros compostos orgânicos, os ácidos carboxílicos são os mais ácidos, o que significa um pKa entre 2 e 5, acidez bem maior do que a dos fenóis (pKa ≈ 8-11) e a dos álcoois (pKa ≈ 16-20). São comparáveis e até superiores à acidez de ácidos inorgânicos fracos, como o ácido fluorídrico (HF, pKa = 3,25) e o ácido sulfídrico (H_2S, pKa = 7,05).

Figura 6.2 – Equilíbrio químico do ácido etanoico ($C_2H_4O_2$) e sua base conjugada (etanoato)

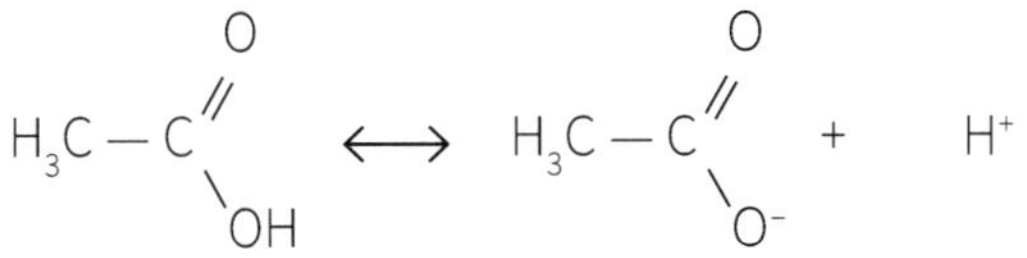

$$H_3C-C\overset{O}{\underset{OH}{\diagup}} \longleftrightarrow H_3C-C\overset{O}{\underset{O^-}{\diagup}} + H^+$$

Ácido etanoico   Etanoato

Outros ácidos carboxílicos são produzidos por microrganismos em processos de decomposição de alimentos, como o ácido butírico – $C_4H_8O_2$ (do latim *butyrum*, que significa "manteiga"), que dá o odor característico da manteiga rançosa.

Outros ácidos orgânicos também receberam nomes comuns, dada sua origem, como o ácido fórmico (do latim *formica*), extraído pela destilação de formigas e de outros insetos; o ácido málico (do latim *malum*), presente na maçã; e o ácido oleico (do latim *oleum*), presente no azeite de oliva.

Ademais, como mencionamos anteriormente, os ácidos carboxílicos são precursores de uma série de outros compostos orgânicos derivados, a exemplo de haletos de acila, ésteres, lactonas, amidas e anidridos. A seguir, apresentamos alguns métodos de preparação de derivados de ácidos carboxílicos.

Figura 6.3 – Reações que envolvem o ácido carboxílico e formam haletos de acila

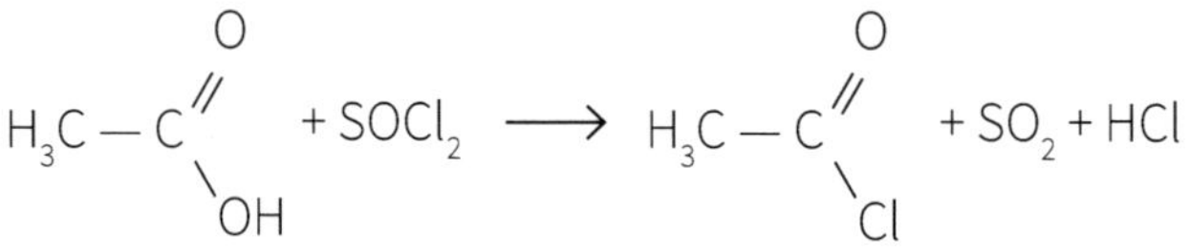

$$H_3C-C(=O)OH + SOCl_2 \longrightarrow H_3C-C(=O)Cl + SO_2 + HCl$$

Ácido etanoico $(C_2H_4O_2)$ Cloreto de etanoila (C_3H_3OCl)

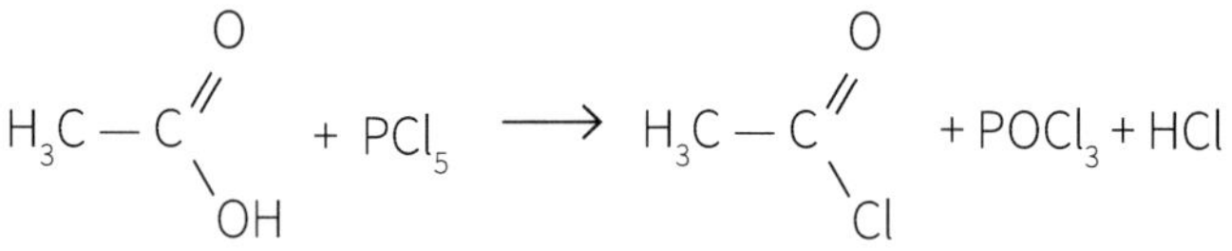

$$H_3C-C(=O)OH + PCl_5 \longrightarrow H_3C-C(=O)Cl + POCl_3 + HCl$$

Ácido etanoico   Cloreto de etanoila

Figura 6.4 – Reação que envolve o ácido carboxílico e forma éster

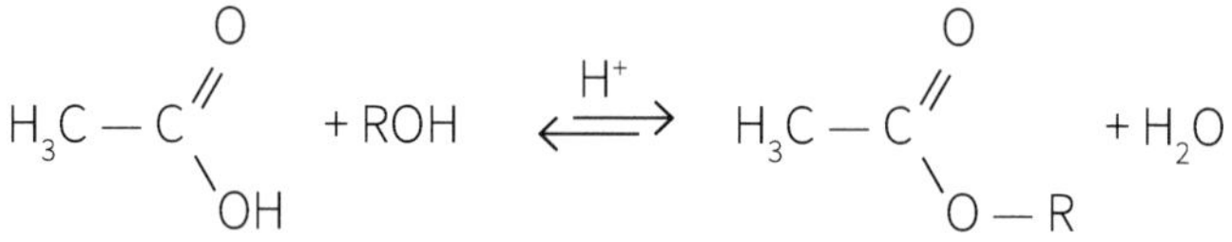

$$H_3C-C(=O)OH + ROH \overset{H^+}{\rightleftharpoons} H_3C-C(=O)O-R + H_2O$$

Ácido etanoico $(C_2H_4O_2)$ Alcanoato de acila

Figura 6.5 – Reação que envolve o ácido carboxílico e forma lactona

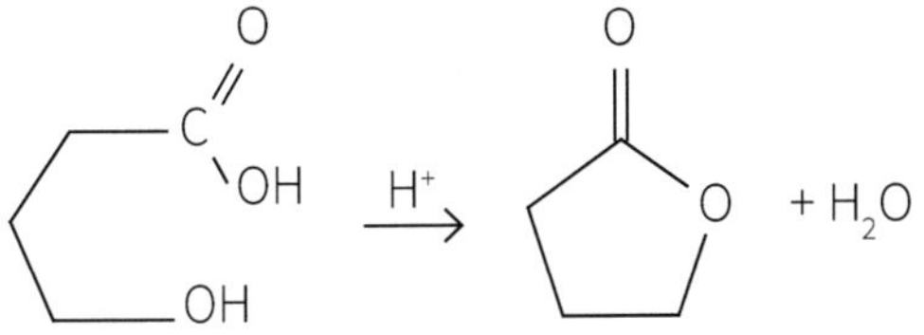

$$\underset{\substack{\text{Ácido}\\\text{4-hidroxibutanoico}}}{\text{HOCH}_2\text{CH}_2\text{CH}_2\text{COOH}} \xrightarrow{H^+} \underset{\gamma\text{-lactona}}{\gamma\text{-butirolactona}} + H_2O$$

Figura 6.6 – Reação que envolve o haleto de acila e forma amida

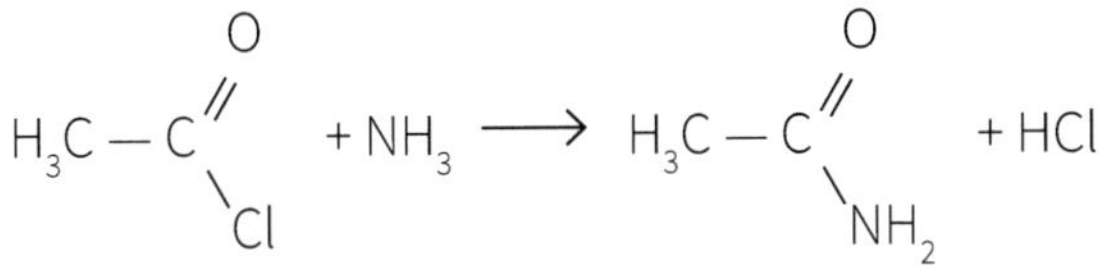

$$\underset{\text{Cloreto de etanoila}}{H_3C-COCl} + NH_3 \longrightarrow \underset{\text{Etanamida}}{H_3C-CONH_2} + HCl$$

Figura 6.7 – Reações que envolvem o ácido carboxílico e formam anidridos

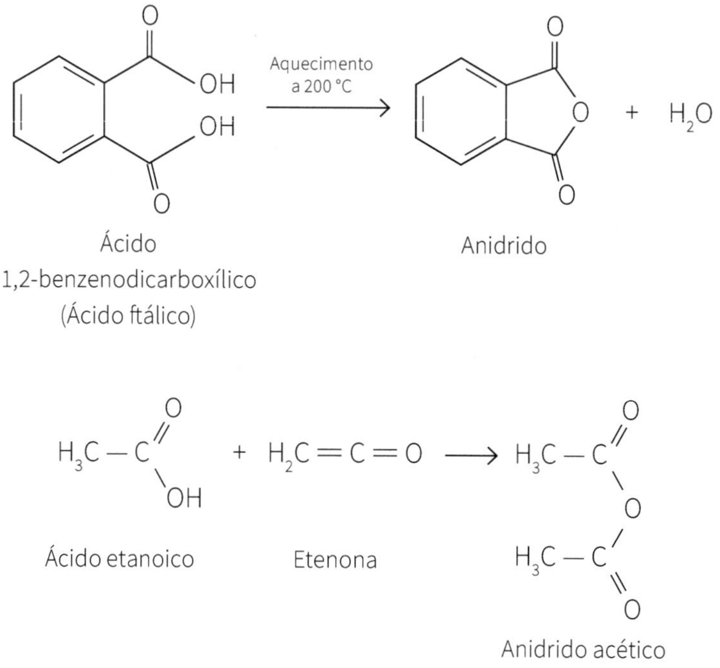

Ácido
1,2-benzenodicarboxílico
(Ácido ftálico)

Aquecimento a 200 °C

Anidrido + H_2O

Ácido etanoico + Etenona → Anidrido acético

$H_3C-COOH$ + $H_2C=C=O$ → anidrido acético

Ésteres são compostos do tipo RCOOR', nos quais os grupos R e R' podem ser um grupo alquil/aril. Normalmente, fazem parte de óleos essenciais de frutas e flores. Aqueles de baixo peso molecular são os mais voláteis, e os odores são característicos dos vegetais, como o acetato de butila ($C_6H_{12}O_2$), responsável pelo odor característico da pera.

Figura 6.8 – Estrutura do acetato de butila

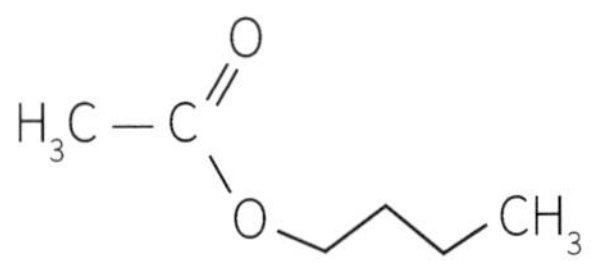

$$H_3C-C\overset{\displaystyle O}{\underset{\displaystyle O\diagdown\diagup\diagdown CH_3}{\diagdown}}$$

Insetos também usam ésteres para se comunicar. Um exemplo é o cinamato de etila ($C_{11}H_{12}O_2$), que compõe o feromônio sexual da mariposa de fruta oriental macho.

Figura 6.9 – Estrutura do cinamato de etila

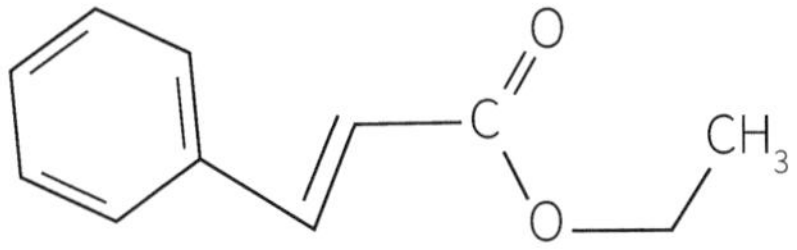

Outros ésteres naturais abundantes são os triacilgliceróis ou triglicerídeos, componentes principais de gorduras sólidas ou óleos líquidos. Quando os ésteres do glicerol sofrem uma hidrólise, ou seja, a quebra de sua estrutura, dão origem a ácidos carboxílicos de cadeias longas, denominados *ácidos graxos*.

Outro composto de grande semelhança com éster é o tioéster, que tem um átomo de enxofre no lugar de um átomo de oxigênio. Tioésteres são ésteres cuja fórmula geral é RCOSR'. Eles se assemelham a seus equivalentes de oxigênio RCOOR' (oxoésteres) em estrutura e reatividade mais do que outros derivados de ácidos carboxílicos.

Figura 6.10 – Estruturas do oxoéster e do tioéster

$$R-\overset{O}{\underset{O-R}{C}} \qquad R-\overset{O}{\underset{S-R}{C}}$$

Oxoéster　　　　　Tioéster

Um importante tioéster de origem biológica é a acetilcoenzima A ($C_{23}H_{38}N_7O_{17}P_3S$), um composto-chave no metabolismo celular.

Figura 6.11 – Estrutura da acetilcoenzima A

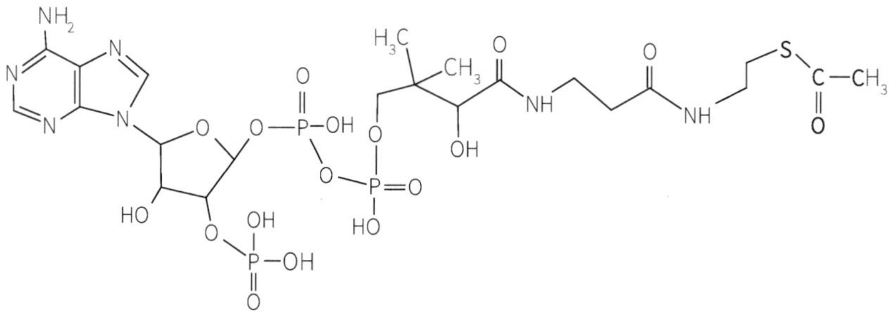

6.3 Nomenclatura de ácidos carboxílicos e ésteres

Para os **ácidos carboxílicos**, os nomes sistemáticos são obtidos por meio da contagem do número de carbonos da cadeia principal, que inclui o grupo carboxila, e pela substituição da terminação -*o* do nome do alcano correspondente por -*oico* antecedido da palavra *ácido*.

Quando apresentam o grupo hidroxila (OH) em sua estrutura, o composto é nomeado como um hidroxi, e não como um álcool. Além disso, o grupo ácido tem precedência a outros grupos que possam estar presentes na estrutura.

A seguir, vejamos alguns exemplos:

HCO_2H – ácido metanoico (ácido fórmico)

CH_3CO_2H – ácido etanoico (ácido acético)

Figura 6.12 – Estruturas do ácido 2-hidroxipropanoico – $C_3H_6O_3$ (ácido láctico), do ácido propenoico – $C_3H_4O_2$ (ácido acrílico) e do ácido benzenocarboxílico – $C_7H_6O_2$ (ácido benzoico)

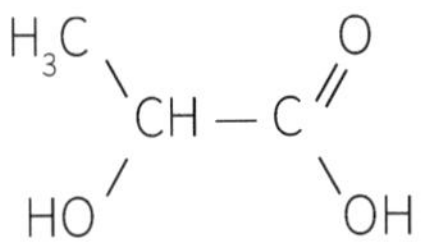

Ácido 2-hidroxipropanoico (ácido láctico)

Ácido propenoico (ácido acrílico)

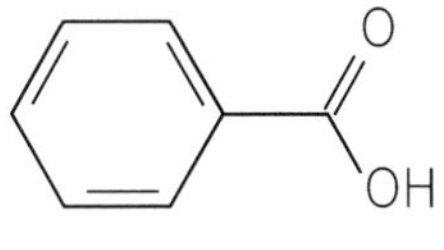

Ácido benzenocarboxílico (ácido benzoico)

Em **ésteres**, o grupo alquila e o grupo acila são especificados de modo independente. São nomeados como *alcanoatos de alquila*. O grupo acila RCO– é citado em primeiro lugar, seguido do nome do grupo alquila R' de RCO_2R'. O grupo acila é nomeado pela substituição do sufixo -*ico* do nome do ácido correspondente por -*ato* (desconsiderando a palavra *ácido*). Vejamos a seguir.

$CH_3CO_2CH_2CH_3$ – etanoato de etila (acetato de etila)

$CH_3CH_2CO_2CH_3$ – propanoato de metila

Figura 6.13 – Estrutura do benzoato de 2-cloroetila

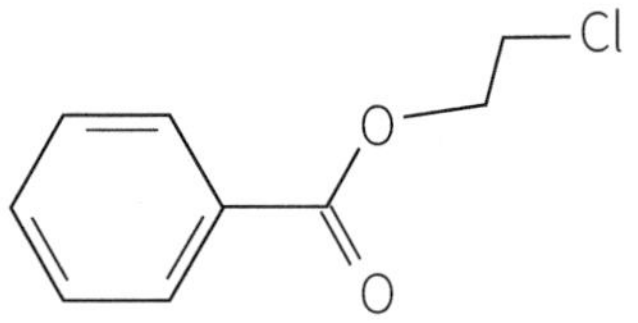

Os ésteres de arila, ou seja, os compostos do tipo RCO_2R', são nomeados de maneira análoga.

6.4 Propriedades físico-químicas de ácidos carboxílicos e ésteres

Nos **ácidos carboxílicos**, a hibridização é sp^2 para o carbono da ligação dupla (C=O), mesma hibridização de aldeídos e cetonas. Um fenômeno observado no grupo carboxílico, dada a presença de pares de elétrons deslocalizados no oxigênio hidroxílico (–OH), é que este pode vir a fazer parte de uma dupla ligação com o átomo de carbono, criando uma carga positiva sobre esse átomo e uma carga negativa sobre o outro oxigênio. Essa deslocalização eletrônica é representada pela seguinte ressonância:

Figura 6.15 – Efeito de ressonância em ácidos carboxílicos

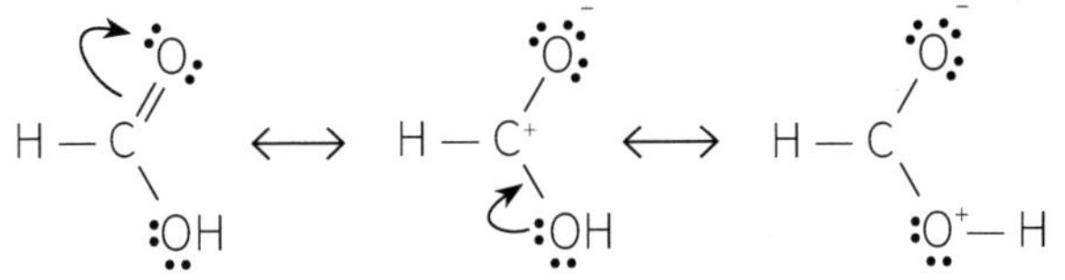

$$H-C\overset{\overset{\displaystyle \ddot{O}}{\|}}{\underset{\ddot{:}OH}{}} \longleftrightarrow H-\overset{\displaystyle \ddot{O}\overset{-}{:}}{\underset{\ddot{:}OH}{C^+}} \longleftrightarrow H-C\overset{\overset{\displaystyle \ddot{O}\overset{-}{:}}{}}{\underset{\ddot{:}O^+-H}{}}$$

Os pontos de fusão e de ebulição dos ácidos carboxílicos são mais altos do que os dos hidrocarbonetos e dos compostos orgânicos oxigenados de tamanhos e formas comparáveis e indicam fortes forças de atração intermolecular. O tipo de interação que ocorre são as ligações de hidrogênio. Dada a geometria assumida pelos grupos OH, dímeros são formados quando o composto está no estado líquido. Em água, as interações intermoleculares entre as moléculas de ácido carboxílico são substituídas pela ligação de hidrogênio com a água, o que torna a solubilidade dos ácidos carboxílicos semelhante à dos álcoois.

Os ácidos carboxílicos são a classe de compostos mais ácidos que contêm apenas carbono, hidrogênio e oxigênio. Com pKa = 5, são ácidos muito mais fortes do que a água e os álcoois. Contudo, comparados a ácidos inorgânicos, são ácidos fracos. Por exemplo, uma solução 0,1 M de ácido acético em água está apenas 1,3% ionizada.

Para a ionização em água de um ácido fraco (HA), como os ácidos orgânicos, há a incorporação do hidrogênio ácido à molécula de água, formando o íon hidrônio (H_3O^+) e sua base conjugada ($:A^-$).

Figura 6.16 – Reação de incorporação do hidrogênio ácido à molécula de água

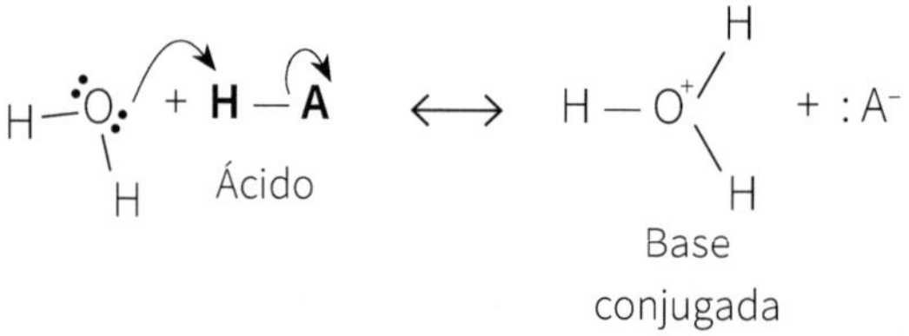

$$H-\ddot{O}-H + H-A \longleftrightarrow H-O^+(H)(H) + :A^-$$

Ácido / Base conjugada

Desse modo, é possível reescrever a expressão para a constante de equilíbrio como:

$$Ka = \frac{[H_3O+][\text{base conjugada}]}{[\text{ácido}]}$$

Ao tomar o logaritmo de ambos os lados, chega-se a:

$$\log Ka = \log[H_3O+] \log \frac{[\text{base conjugada}]}{[\text{ácido}]}$$

Reorganizando, temos:

$$-\log[H_3O^+] = -\log Ka + \log \frac{[\text{base conjugada}]}{[\text{ácido}]}$$

Por fim, é possível simplificar como:

$$pH = pKa + \log \frac{[\text{base conjugada}]}{[\text{ácido}]}$$

Essa relação é conhecida como *equação de Henderson-Hasselbalch* e é aplicada no cálculo do pH de soluções-tampão.

Já os **ésteres** têm uma polarização moderada. As forças de interação que ocorrem entre suas moléculas, responsáveis pelos pontos de ebulição mais elevados que hidrocarbonetos, são do tipo dipolo-dipolo. Contudo, ésteres, por não terem em sua estrutura grupos OH, não conseguem fazer ligações de hidrogênio entre suas moléculas, logo têm ponto de ebulição menores que álcoois de tamanho comparável.

Tabela 6.1 – Pontos de ebulição de compostos de peso molecular próximos e funções químicas diferentes

Composto	Peso molecular	PE
2-metilbutano	72 g mol^{-1}	28
Acetato de metila	74 g mol^{-1}	57
2-butanol	74 g mol^{-1}	99

No entanto, ésteres podem participar de ligações de hidrogênio com substâncias que contêm grupos hidroxila (água, álcoois, ácidos carboxílicos), o que confere solubilidade em água aos ésteres de baixo peso molecular. A solubilidade em água diminui à medida que a cadeia de carbono do éster aumenta. As gorduras e os óleos, que são ésteres de cadeia longa, são praticamente insolúveis em água.

Síntese

Elaboramos um esquema com um resumo dos temas abordados neste capítulo, ácidos carboxílicos e ésteres. Vejamos a seguir.

Figura 6.17 – Principais características das funções orgânicas ácido carboxílico e éster

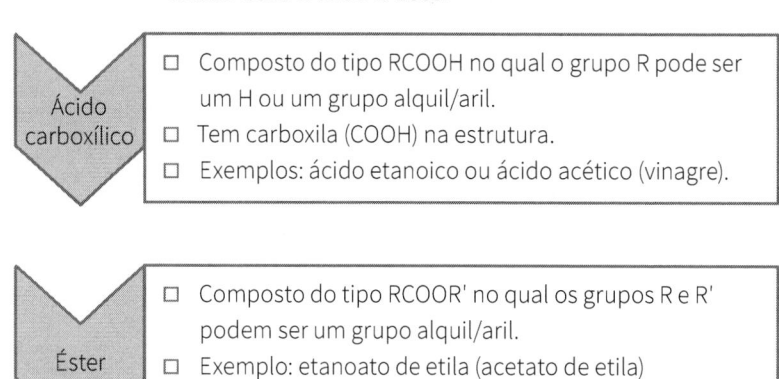

Ácido carboxílico
- Composto do tipo RCOOH no qual o grupo R pode ser um H ou um grupo alquil/aril.
- Tem carboxila (COOH) na estrutura.
- Exemplos: ácido etanoico ou ácido acético (vinagre).

Éster
- Composto do tipo RCOOR' no qual os grupos R e R' podem ser um grupo alquil/aril.
- Exemplo: etanoato de etila (acetato de etila)

Atividades de autoavaliação

1. Os ácidos carboxílicos são compostos orgânicos cujo grupo representativo de sua função é:
    a) uma amida (–CONR'R'').
    b) uma carboxila (–COOH).
    c) uma carbonila (C=O).
    d) uma carbonila terminal (R–COH).
    e) Nenhuma das respostas está correta.

2. Os ésteres são compostos orgânicos cujo grupo representativo de sua função é do tipo:
   a) RCOOH, nos quais o grupo R pode ser um grupo alquil/aril.
   b) RCOH, nos quais o grupo R pode ser um grupo alquil/aril.
   c) RCOOR', nos quais os grupos R e R' podem ser um grupo alquil/aril.
   d) RCOR, nos quais o grupo R pode ser um grupo alquil/aril.
   e) Nenhuma das respostas está correta.

3. Ácidos carboxílicos são mais ácidos que outros compostos orgânicos. Isso ocorre porque:
   a) o grupo carboxila tem um forte efeito de polarização na ligação O–H, uma vez que o oxigênio é muito mais eletronegativo que o hidrogênio.
   b) o grupo carbonila tem um forte efeito de polarização na ligação O–H, uma vez que o oxigênio é muito mais eletronegativo que o hidrogênio.
   c) o grupo carboxila tem um forte efeito de polarização na ligação O–H, uma vez que o hidrogênio é muito mais eletronegativo que o oxigênio.
   d) o grupo carbonila tem um forte efeito de polarização na ligação O–H, uma vez que o hidrogênio é muito mais eletronegativo que o oxigênio.
   e) Nenhuma das respostas está correta.

4. Ácidos carboxílicos podem formar compostos derivados com diferentes estruturas. Entre eles, é possível citar:
   a) haletos de acila, ésteres, lactonas, amidas e anidridos.
   b) haletos de acila, ésteres, lactomas, aminas e anidridos.
   c) haletos de acila, éteres, lactonas, aminas e anidridos.

d) haletos de acila, éteres, lactomas, aminas e anidridos.
e) Nenhuma das respostas está correta.

5. Ésteres são compostos com características:
   a) polares, cujas forças de atração são do tipo dipolo-dipolo e somente formam pontes de hidrogênio com compostos como a água.
   b) apolares, cujas forças de atração são do tipo dipolo-dipolo e somente formam pontes de hidrogênio com compostos como a água.
   c) polares, cujas forças de atração são do tipo íon-dipolo e somente formam pontes de hidrogênio com compostos como a água.
   d) polares, cujas forças de atração são do tipo íon-dipolo e formam pontes de hidrogênio entre suas moléculas.
   e) Nenhuma das respostas está correta.

6. Muitos ácidos carboxílicos são mais conhecidos por seus nomes comuns do que por seus nomes sistemáticos. Relacionam-se alguns deles a seguir. Forneça uma fórmula estrutural para cada um com base em seu nome sistemático:
   a) Ácido 2-hidroxipropanoico (mais conhecido como *ácido láctico*, é encontrado no leite azedo e é formado nos músculos quando estes são exercitados).
   b) Ácido 2-hidroxibutanodioico (também conhecido como ácido málico, é encontrado em maçãs e outras frutas).
   c) Ácido 2-hidroxi-1,2,3-propanotricarboxílico (mais conhecido como ácido cítrico, contribui para o gosto azedo das frutas cítricas).

d) Ácido 2-(p-isobutilfenil)propanoico (um anti-inflamatório, mais conhecido como *ibuprofeno*).

e) Ácido o-hidroxibenzenocarboxílico (mais conhecido como *ácido salicílico*, é obtido da casca do salgueiro).

Atividades de aprendizagem
Questões para reflexão

1. Ao verificar a estrutura de triglicerídeos, é possível localizar grupos ésteres. Essa afirmação está correta? Justifique sua resposta.

2. Você acredita que o uso de sabão para remoção de sujeiras deve-se à estrutura do composto? Justifique sua resposta.

Atividade aplicada: prática

1. Elabore um mapa mental com as funções ácido carboxílico e éster.

Considerações finais

Nosso objetivo neste livro foi apresentar uma visão introdutória sobre a química orgânica, sua linguagem e seus conceitos. Para atingir esse objetivo, descrevemos conceitos básicos e avançados de química orgânica, em uma ordem sistemática de apresentação das diferentes funções orgânicas.

Esperamos que os exercícios ajudem na fixação dos conteúdos. A você, leitor, informamos que há muito mais sobre química orgânica e que esse universo pode e deve ser também consultado em outras bibliografias. Além disso, acreditamos que a forma sintética deste texto seja útil para uma visão generalista dos tópicos e que, para maior aprofundamento, devem ser realizadas pesquisas e leituras mais direcionadas.

Glossário[*]

Ácido conjugado: molécula ou íon que se forma quando uma base recebe um próton.
Alcano: hidrocarboneto que tem somente ligações simples (σ) entre átomos de carbono.
Alceno: hidrocarboneto que tem, no mínimo, uma ligação dupla entre os átomos de carbono.
Alcino: hidrocarboneto que tem, no mínimo, uma ligação tripla entre os átomos de carbono.
Ângulo de ligação: ângulo entre duas ligações cuja origem é o mesmo átomo.
Base conjugada: molécula ou íon que se forma quando um ácido perde seu próton.
Benzeno: composto aromático/cíclico de fórmula C_6H_6, com elétrons π deslocalizados em torno do anel na molécula.
Carbono primário: um átomo de carbono que tem apenas um outro átomo de carbono ligado a ele.
Carbono secundário: um átomo de carbono que tem dois outros átomos de carbono ligados a ele.
Carbono terciário: um átomo de carbono que tem três outros átomos de carbono unidos a ele.

---

[*] Esta seção foi elaborada com base em Barbosa (2011); Bruice (2014a, 2014b); Carey (2011a, 2011b); McMurry (1997); Solomons (2006).

Carga formal: é uma grandeza que pode ser calculada pela fórmula:

$$CF = V - \left(NL + \frac{1}{2}L\right)$$

Em que:

- CF é a carga formal;
- V é o número do grupo do átomo (ou seja, o número de elétrons que o átomo tem em sua camada mais externa (camada de valência) em seu estado fundamental);
- NL é o número de elétrons não ligantes que o átomo apresenta;
- L é o número de elétrons que o átomo está compartilhando (na ligação) com outros átomos.

Composto aromático: molécula ou íon cíclico insaturado conjugado que é estabilizado por meio da deslocalização de elétrons π.

Composto saturado: composto que não tem nenhuma ligação múltipla.

Comprimento de ligação: distância de equilíbrio entre dois átomos ou grupos ligados.

Constante de acidez (Ka): constante de equilíbrio relacionada à força de um ácido. É calculada por meio da fórmula:

$$Ka = K[H_2O] = \frac{[H_3O+][:A-]}{[HA]}$$

Estado fundamental: estado de energia eletrônica mais baixa de um átomo ou uma molécula.

Estrutura de Kekulé: estrutura na qual são utilizadas linhas para representar ligações. Para o benzeno, corresponde a um hexágono de átomos de carbono com ligações simples e duplas alternadas em torno do anel, com um átomo de hidrogênio ligado a cada carbono.

Estrutura de Lewis (ou estrutura de elétrons em pontos): representação de uma molécula que mostra os pares de elétrons como um par de pontos ou como um traço.

Estruturas de ressonância (ou híbrido de ressonância): estruturas de Lewis que diferem entre si apenas pela posição de seus elétrons. Quando uma única estrutura não representa adequadamente uma molécula, esta é apresentada como um híbrido de todas as estruturas de ressonância.

Éteres de coroa: poliéteres cíclicos que têm a capacidade de formar complexos com íons metálicos.

Força de dispersão (ou força de London ou forças de Van der Waals): forças fracas que atuam entre moléculas apolares ou entre partes da mesma molécula. A aproximação de dois grupos (ou moléculas) resulta, inicialmente, em uma força de atração entre eles, porque uma distribuição assimétrica temporária dos elétrons em um grupo induz a uma polaridade contrária no outro. Quando os grupos estão mais próximos do que seus raios de Van der Waals, a força entre eles torna-se repulsiva, pois suas nuvens eletrônicas começam a penetrar uma na outra.

Força dipolo-dipolo: interação entre moléculas que têm momentos de dipolo permanentes.

Força íon-dipolo: interação de um íon com um dipolo permanente (resultando na solvatação), que ocorre entre íons e moléculas de solventes polares.

Função de onda: expressão matemática derivada da mecânica quântica que corresponde a um estado de energia para um elétron. O quadrado da função Ψ, que é Ψ^2, fornece a probabilidade de encontrar um elétron em um local específico no espaço orbital.

Grupo alquila (veja *R*): nome dado para um fragmento de uma molécula derivada de um alcano pela retirada de um átomo de hidrogênio, com terminação *-ila*.

Grupo arila (Ar): nome para um grupo obtido pela retirada de um hidrogênio de uma posição de um anel aromático.

Grupo benzila: grupo aromático $C_6H_5CH_2-$.

Hibridização de orbitais atômicos: mistura teórica de dois ou mais orbitais atômicos que fornecem o mesmo número de novos orbitais, chamados de *orbitais híbridos*.

Hidrocarboneto: molécula que contém somente átomos de carbono e de hidrogênio.

Hidrofílico: grupo polar que procura um ambiente aquoso.

Hidrofóbico (ou lipofílico): grupo apolar que evita uma vizinhança aquosa e procura um ambiente apolar.

Íon: espécie química que tem uma carga elétrica.

Isômeros: moléculas diferentes que têm a mesma fórmula molecular.

Iupac: sigla do órgão regulador de nomenclatura de química pura e aplicada – International Union of Pure and Applied Chemistry.

Ligação covalente: tipo de ligação resultante do compartilhamento de elétrons por parte dos átomos.

Ligação covalente polar: ligação covalente na qual os elétrons não são igualmente compartilhados em razão das eletronegatividades diferentes dos átomos ligados.

Ligação de hidrogênio: forte interação dipolo-dipolo (de 4 kJ mol^{-1} a 38 kJ mol^{-1}) que ocorre entre átomos de hidrogênio e átomos de elevada eletronegatividade, como flúor, oxigênio e nitrogênio.

Ligação iônica: ligação formada pela transferência de elétrons de um átomo para outro, levando à formação de íons de cargas opostas.

Ligação *pi* (π): ligação formada quando são compartilhados os elétrons de orbitais *p*, não hibridizados, paralelos aos átomos.

Ligação *sigma* (σ): ligação simples orientada entre os núcleos dos átomos envolvidos, formada quando os elétrons ocupam orbitais do tipo s ou p_x.

Ligação dupla: ligação formada quando quatro elétrons, dois elétrons em uma ligação *sigma* (σ) e dois elétrons em uma ligação *pi* (π) são compartilhados por dois átomos.

Ligação tripla: ligação formada por uma ligação *sigma* (σ) e duas ligações *pi* (π).

Molécula: entidade química eletricamente neutra que consiste em dois ou mais átomos ligados.

Molécula polar: molécula com um momento de dipolo.

Momento de dipolo (μ): propriedade física associada a uma molécula polar que pode ser medida experimentalmente.

Nomes sistemáticos: sistema para dar nomes aos compostos no qual cada átomo ou grupo é citado como prefixo ou sufixo de um composto-pai. No sistema da Iupac, apenas um grupo pode ser citado como sufixo. Os localizadores (normalmente números) são utilizados para indicar em que posição os grupos aparecem.

Orbital: região no espaço ao redor do núcleo de um átomo na qual existe uma alta probabilidade de se encontrar um elétron. Os orbitais são descritos matematicamente pelo quadrado das funções de onda (Ψ^2), e cada orbital tem uma energia específica, podendo acomodar dois elétrons quando os seus *spins* são contrários.

Orbital atômico (OA): orbital referente a um único átomo.

Orbital molecular (OM): orbital que envolve mais de um átomo em uma molécula. O número de OAs que se combinam para formar o OM é igual ao número resultante de OMs.

Orbital molecular antiligante (OM antiligante): orbital molecular cuja energia é maior do que aquela dos orbitais atômicos isolados a partir dos quais ele é formado. A existência de elétrons em um orbital molecular antiligante desestabiliza a ligação entre os átomos.

Orbital molecular ligante (OM ligante): apresenta energia mais baixa do que a energia dos orbitais atômicos isolados dos quais ele é formado. Quando elétrons ocupam um orbital molecular ligante, ajudam a manter unidos os átomos.

Parafina: nome antigo para um alcano derivado do petróleo.

pKa: logaritmo negativo da constante ácida Ka, ou seja, pKa= −log Ka.

Polímero: molécula grande constituída de muitas subunidades que se repetem. Por exemplo: o polímero polietileno é constituído da subunidade CH_2CH_2, que se repete.

Ponto de ebulição: temperatura na qual a pressão de vapor de um líquido é igual à pressão existente acima da superfície do líquido.

Ponto de fusão: temperatura na qual existe um equilíbrio entre uma substância cristalina bem ordenada e essa substância no estado líquido. Ele reflete a energia necessária para vencer as forças atrativas entre as partículas (íons ou moléculas) que constituem a rede cristalina.
Princípio da exclusão de Pauli: afirma que dois elétrons de um átomo ou uma molécula não podem ter um mesmo conjunto de quatro números quânticos. Mesmo que dois elétrons ocupem o mesmo orbital, seus *spins* devem ser opostos. Quando isso é verdadeiro, os *spins* dos elétrons estão emparelhados.
Princípio da incerteza de Heisenberg: afirma que tanto a posição quanto o momento de um elétron (ou de qualquer objeto) não podem ser medidos simultaneamente de maneira exata.
Princípio de Aufbau: afirma que os elétrons são adicionados aos orbitais de um átomo ou uma molécula de tal forma que os orbitais de mais baixa energia são preenchidos primeiramente.
Propriedade física: propriedades de uma substância, tais como ponto de fusão e ponto de ebulição, que se relacionam com as transformações físicas, como as mudanças de estado.
R: símbolo utilizado para designar um grupo alquila. Muitas vezes é usado para simbolizar qualquer grupo orgânico.
Radical (ou radical livre): espécie química sem carga que contém um elétron desemparelhado.
Regra de Hund: utilizada na aplicação do princípio de Aufbau. Quando os orbitais têm energias iguais (isto é, quando são degenerados), os elétrons são adicionados a cada orbital com seus *spins* desemparelhados até que cada orbital degenerado

contenha um elétron. Em seguida, os elétrons são adicionados aos orbitais de tal forma que os *spins* fiquem emparelhados.

Regra do octeto: regra empírica que afirma que os átomos que não têm a configuração eletrônica de um gás nobre tendem a reagir transferindo ou compartilhando elétrons de modo a alcançar a configuração eletrônica de um gás nobre, isto é, oito elétrons na camada de valência.

Sal: produto de uma reação entre um ácido e uma base. Composto iônico constituído de íons com cargas opostas.

Sistema Iupac: também chamado de *nomenclatura sistemática*, é um conjunto de regras de nomenclatura supervisionadas pela Iupac, que permite que a todo composto seja atribuído um nome sem ambiguidades.

Solubilidade: o quanto de dado soluto se dissolve em dado solvente. Geralmente, é expressa como massa por unidade de volume (por exemplo, gramas por 100 mL).

Teoria ácido-base de Lewis: um ácido é considerado toda espécie receptora de um par de elétrons; uma base, toda espécie capaz de doar um par de elétrons.

Teoria de ácidos e bases de Bronsted-Lowry: ácido é uma substância que pode doar (ou perder) um próton; base é uma substância que pode receber (ou remover) um próton. O ácido conjugado de uma base é a molécula ou o íon que se forma quando uma base recebe um próton. A base conjugada de um ácido é a molécula ou o íon que se forma quando um ácido perde seu próton.

Referências

ALVES, L. Como o sabão limpa? **Brasil Escola**. Disponível em: <https://brasilescola.uol.com.br/quimica/como-sabao-limpa.htm>. Acesso em: 15 abr. 2020.

BARBOSA, L. C. de A. **Introdução à química orgânica**. 2. ed. São Paulo: Pearson Education do Brasil, 2011.

BRUICE, P. Y. **Fundamentos de química orgânica**. 2. ed. São Paulo: Pearson Education do Brasil, 2014a. v. 2.

BRUICE, P. Y. **Química orgânica**. 4. ed. São Paulo: Pearson Education do Brasil, 2014b. v. 4.

CAREY, F. A. **Química orgânica**. 7. ed. Porto Alegre: AMGH, 2011a. v. 1.

CAREY, F. A. **Química orgânica**. 7. ed. Porto Alegre: AMGH, 2011b. v. 2.

FOGAÇA, J. O que são triglicerídeos? **Brasil Escola**. Disponível em: <https://brasilescola.uol.com.br/quimica/o-que-sao-triglicerideos.htm>. Acesso em: 15 abr. 2020.

FRANCISCO JUNIOR, W. E. Carboidratos: estrutura, propriedades e funções. **Química Nova na Escola**, n. 29, 2008.

MCMURRY, J. **Química orgânica**. Rio de Janeiro: LTC, 1997. v. 1.

SOLOMONS, G. **Química orgânica**. 8. ed. Rio de Janeiro: LTC, 2006. 2 v.

SOUZA, L. A. de. Destilação do petróleo. **Mundo Educação**. Disponível em: <https://mundoeducacao.bol.uol.com.br/quimica/destilacao-petroleo.htm>. Acesso em: 15 abr. 2020a.

SOUZA, L. A. Reação de saponificação. **Mundo Educação**. Disponível em: <https://mundoeducacao.bol.uol.com.br/quimica/reacao-saponificacao.htm>. Acesso em: 15 abr. 2020b.

USBERCO, J.; SALVADOR, E. **Química 3**: química orgânica. São Paulo: Saraiva, 2014.

Bibliografia comentada

BARBOSA, L. C. de A. **Introdução à química orgânica**. 2. ed. São Paulo: Pearson Education do Brasil, 2011.

Barbosa adota uma linguagem simples e didática para apresentar conceitos fundamentais de assuntos que aproximam o conteúdo acadêmico da vida de estudantes, tais como *hidrocarbonetos*, *álcoois*, *éteres*, *aldeídos* e *cetonas*. Tem rigor com as normas e com as indicações da Iupac, o que torna a obra uma referência para aqueles que desejam estudar química.

BRUICE, P. Y. **Fundamentos de química orgânica**. 2. ed. São Paulo: Pearson Education do Brasil, 2014. v. 2.

BRUICE, P. Y. **Química orgânica**. 4. ed. São Paulo: Pearson Education do Brasil, 2014. v. 4.

Essas duas obras de Bruice buscam transformar o estudo da química em uma tarefa que não se limita à memorização de moléculas e reações; o autor mostra o raciocínio para se chegar às soluções dos problemas propostos. Além disso, o livro tem uma apresentação moderna, com uma série de recursos, como quadros ilustrativos, notas em destaque sobre conceitos-chave, biografias e balões explicativos, além dos mapas de potencial eletrostático, os quais ajudam a entender como as reações ocorrem. A obra ainda traz uma grande quantidade de problemas resolvidos.

CAREY, F. A. **Química orgânica**. 7. ed. Porto Alegre: AMGH, 2011. v. 1.

CAREY, F. A. **Química orgânica**. 7. ed. Porto Alegre: AMGH, 2011. v. 2.

Nessas obras, Carey centra-se nos mecanismos das reações, propiciando um conhecimento essencial para o entendimento da química orgânica. O autor explicita de forma clara os conceitos, facilitando o entendimento do leitor quanto à relação entre as estruturas dos compostos orgânicos e suas propriedades. A subdivisão do livro de acordo com os grupos funcionais promove um conteúdo informativo, no qual os padrões de reatividade são reforçados nas reações de determinado grupo funcional.

MCMURRY, J. **Química orgânica**. Rio de Janeiro: LTC, 1997. v. 1.

Esse livro mescla uma abordagem tradicional dos grupos funcionais com uma explanação mecanicista do tema. Nele, a apresentação dos grupos funcionais inicia-se pelos compostos mais simples, como alcanos, e finaliza-se pelos compostos de funções mais elaboradas, como éteres e amidas. Esse modo de descrição do conteúdo leva o leitor não familiarizado às sutilezas dos mecanismos a ter uma progressão informativa.

SOLOMONS, G. **Química orgânica**. 8. ed. Rio de Janeiro: LTC, 2006. 2 v.

Nesses dois volumes, Solomons apresenta a química orgânica da maneira mais fácil possível, com o objetivo de desenvolver, no leitor, habilidades naturais de pensamento crítico e análise. O autor inicia o estudo com conceitos fundamentais e exemplos do cotidiano da vida humana. O material reúne muitas ferramentas visuais, como mapas conceituais, detalhes de mecanismos de reação, resumos temáticos, ilustrações esclarecedoras e problemas relacionados ao tema. Todos os tópicos propostos demonstram os esforços do autor para que o leitor consiga aprender química orgânica de forma tranquila e relevante e que possa aplicar tais conhecimentos no mundo em que vive, aperfeiçoando e melhorando o que for possível. De maneira geral, essa obra tem-se mostrado, mesmo com o passar do tempo, uma ferramenta sempre relevante no estudo da área.

Respostas

Capítulo 1

Atividades de autoavaliação

1. a
2. d
3. d
4. a
5. a

Atividades de aprendizagem

Questões para reflexão

1. Vitamina B2:

Sua falta causa dermatites.

Vitamina D:

Sua falta causa raquitismo.

A vitamina D é a mais lipossolúvel, pois a estrutura tem menos grupos polares.

2. Estrutura do etanol: $H-CH_2-CH_2-OH$

Estrutura do ácido acético:

Estrutura da acetona:

Estrutura do hexano:

Estrutura do cicloexano: ⬡

Estrutura do glicerol: HO⎯⎯⎯OH (com OH central)

a) Os mais eficientes na extração de gordura são o hexano e o cicloexano, em razão da estrutura apolar.

b) Ligações de hidrogênio entre o etanol e a acetona:

$$H-\underset{\underset{H}{|}}{\overset{\overset{H}{|}}{C}}-\underset{\underset{H}{|}}{\overset{\overset{H}{|}}{C}}-O\cdots H\cdots O=C$$

c) O glicerol pode fazer ligações de hidrogênio intramolecular:

HO⎯⎯⎯OH (com OH central fazendo ligação de hidrogênio)

d) Estruturas de ressonância para o ácido acético:

$$\underset{OH}{\overset{O}{\|}}C-CH_3 \leftrightarrow \underset{^+OH}{\overset{O^-}{|}}C-CH_3 \leftrightarrow \underset{^+OH}{\overset{O}{\|}}C-CH_3$$

Capítulo 2

Atividades de autoavaliação

1. b
2. d
3. b
4. a
5. c

Atividades de aprendizagem

Questões para reflexão

1.
   a. $2sp^2\ sp^3$
   b. Todos sp^2
   c. Todos sp^2
   d. $2sp^2\ 3sp^3$
   e. $sp^3\ 2sp\ sp^2$

2.
   a. H_3O^+: a presença de carga positiva indica que existe excesso de hidrogênio na estrutura, o que não favorece o átomo de oxigênio, que precisa "emprestar" seus elétrons não ligantes para manter um H^+ na estrutura.
   b. NH_4^+: a presença de carga positiva indica que existe excesso de hidrogênio na estrutura, o que não favorece o átomo de nitrogênio, que precisa "emprestar" seus elétrons não ligantes para manter um H^+ na estrutura.

c. H_2S: é um composto neutro e é mais ácido por ter um H a mais em sua estrutura em relação ao HS^-, o qual apresenta elétrons a mais, dada sua carga negativa (–1).

d. H_2O: é um composto neutro e é mais ácido por ter um H a mais em sua estrutura em relação ao OH^-, o qual apresenta elétrons a mais, dada sua carga negativa (–1).

Capítulo 3

Atividades de autoavaliação

1. a
2. a
3. a
4. a
5. c

Atividades de aprendizagem

Questões para reflexão

1. O eteno é utilizado como um material de partida para a síntese de muitos compostos industriais, como etanol, óxido de etileno, etanal e polímero polietileno. Também é encontrado na natureza como um hormônio vegetal. É produzido naturalmente por frutas, tais como tomates e bananas, e está envolvido no processo de amadurecimento dessas frutas.

Já o estradiol é um alcino sintético com propriedades semelhantes às do estrogênio e tem sido utilizado em contraceptivos orais.

2. No processo de destilação fracionada, o petróleo é aquecido e vários subprodutos são obtidos. Estes são os derivados do petróleo, compostos por átomos de carbono e hidrogênio, chamados de *hidrocarbonetos*. Desses hidrocarbonetos, os mais leves são obtidos primeiro, por exemplo, o etano (C_2H_6), e os mais pesados, com até 70 átomos de carbono, saem por último. A destilação acontece em razão da diferença de tamanho das moléculas de hidrocarboneto, pois, quanto menor a molécula, menor é sua densidade e sua temperatura de evaporação.

O quadro a seguir mostra os principais subprodutos do destilamento do petróleo, obtidos com o aumento de temperatura.

Ponto de ebulição (°C)	Quantidade de carbonos	Produtos
20	De 2 a 4	Gás
120	De 5 a 10	Gasolina
170	De 10 a 16	Querosene
270	De 14 a 20	Diesel
340	De 20 a 50	Lubrificante
500	De 20 a 70	Óleo
600	Acima de 70	Asfalto

Fonte: Souza, 2020a.

Capítulo 4

Atividades de autoavaliação

1. b
2. b
3. a
4. d
5. e

Atividades de aprendizagem

Questões para reflexão

1. Glicerina: é um triálcool cujo nome oficial é *propanotriol*. É também chamado de *glicerol* e é preparado por meio de uma saponificação dos ésteres que constituem óleos e gorduras. A glicerina é aplicada na fabricação de tintas, cosméticos, sabonetes, lubrificantes, produtos alimentícios, como bolos e panetones (aditivo umectante), nitroglicerina (explosivo), dentifrícios (umectante) e colas, evitando que sequem muito rapidamente.

    Sorbitol: é o hexano-hexol, um sólido branco cristalino de sabor doce, encontrado em várias frutas. Ele é utilizado em dentifrícios como umectante.

    Xilitol: esse poliálcool é um adoçante natural encontrado em muitos vegetais, como o milho, a framboesa e a ameixa. Também pode ser encontrado em alguns tipos de cogumelo. O xilitol é usado em balas e gomas de mascar, pois, além de não causar cáries, também ajuda a evitá-las.

2. Aminoácidos são moléculas orgânicas formadas por cadeias de carbono ligadas a átomos de hidrogênio, oxigênio, nitrogênio e, às vezes, enxofre. Contêm um grupo carboxila (COOH) e um grupo amina (NH_2). Na natureza, existem 20 α-aminoácidos, diferidos por um grupamento denominado *radical* (R), classificados conforme suas propriedades químicas: com cadeia polar, com cadeia apolar e aqueles que podem adquirir carga elétrica.

São aminoácidos essenciais:

- histidina (His) – com carga elétrica;
- isoleucina (Iso) – apolar;
- lisina (Lis) – com carga elétrica;
- metionina (Met) – apolar;
- fenilalanina (Fen) – apolar;
- treonina (Ter) – polar;
- triptofano (Tri) – apolar;
- valina (Val) – apolar;
- leucina (Leu) – apolar.

São aminoácidos não essenciais:

- alanina (Ala) – apolar;
- Arginina (Arg) – com carga elétrica;
- Asparagina (Asn) – polar;
- Cisteína (Cis) – polar;
- ácido glutâmico (Glu) – com carga elétrica;
- glutamina (Gln) – polar;

- glicina (Gli) – apolar;
- prolina (Pro) – apolar;
- ácido aspártico (Asp) – com carga elétrica;
- serina (Ser) – polar;
- tirosina (Tir) – polar.

Capítulo 5

Atividades de autoavaliação

1. d
2. d
3. a
4. b
5. e

Atividades de aprendizagem

Questões para reflexão*

1. Do grego *anthos*, que significa "flor", e *kianos*, que quer dizer "azul", as antocianinas são pigmentos vegetais responsáveis pelas cores observadas em flores, frutos, algumas folhas, caules e raízes de plantas. Distribuídos no reino vegetal, esses pigmentos são compostos fenólicos pertencentes ao grupo dos flavonoides. Entre as características mais comuns, citamos a solubilidade em água e a elevada instabilidade em temperaturas elevadas. A cor de uma antocianina varia desde

---

* As respostas desta seção foram elaboradas com base em Francisco Junior (2008).

o vermelho (condição ácida) até o azul ou amarelo (condição alcalina). Percebe-se que a coloração final dos tecidos vegetais depende de fatores como pH, luminosidade, concentração do pigmento, presença de íons, açúcares e hormônios. Na dieta humana, a antocianina atua na prevenção/retardamento de doenças cardiovasculares, do câncer e de doenças neurodegenerativas, em razão seu poder antioxidante, atuando contra os radicais livres.

2. Do grego *sakcharon*, que significa "açúcar", há os chamados *sacarídeos* ou *carboidratos*. Nem todos apresentam sabor adocicado. O termo *carboidrato* denota de *hidrato de carbono*, com fórmula geral $(CH_2O)_n$, em que n refere-se à repetição das estruturas fundamentais. No geral, encontram-se divididos em três classes principais de acordo com o número de ligações glicosídicas: monossacarídeos, oligossacarídeos e polissacarídeos.

- Monossacarídeos

São compostos como a glicose e frutose, principais açúcares de muitas frutas, como uva, maçã e pêssego.

A presença desse tipo de carboidrato (glicose e frutose) torna possível o processo químico denominado *fermentação*, cujo produto formado é o álcool, presente em bebidas como o vinho e as sidras. Esse processo ocorre em ausência de oxigênio, é anaeróbico, e envolve a ação de microrganismos. Nele, a glicose e a frutose são convertidas em etanol e dióxido de carbono com liberação de energia.

No metabolismo humano, a glicose é a principal forma de obtenção de energia. Os monossacarídeos são sólidos cristalinos em temperatura ambiente muito solúveis em água e insolúveis em solventes não polares. Suas cadeias carbônicas não são ramificadas, e os átomos de carbono também se unem por meio de uma dupla ligação a um átomo de oxigênio, constituindo um grupo carbonila. Os demais carbonos da estrutura apresentam um grupo hidroxila (daí a denominação *poliidroxi*). Nos casos em que o grupo carbonila está na extremidade da cadeia, o monossacarídeo é uma aldose. Caso o grupo carbonila esteja em outra posição, o monossacarídeo é uma cetose.

Aldoses com quatro carbonos e todos os monossacarídeos com cinco ou mais átomos de carbono apresentam-se, predominantemente, em estruturas cíclicas quando em soluções aquosas. Outra importante característica dos monossacarídeos é a presença de pelo menos um carbono assimétrico (com exceção da diidroxicetona), fazendo com que ocorram em formas isoméricas oticamente ativas.

Por fim, os monossacarídeos ainda têm a capacidade de serem oxidados por íons cúpricos (Cu^{2+}) e férricos (Fe^{3+}), por isso são chamados de *açúcares redutores*. O grupo carbonila (C=O) é oxidado, resultando em carboxila (COOH), com a concomitante redução, por exemplo, do íon cúprico (Cu^{2+}) a cuproso (Cu^+). Por muitos anos, esse era o método de determinação dos níveis de glicose no sangue e na urina para o diagnóstico da diabetes melito.

☐ Oligossacarídeos

São compostos formados por cadeias de monossacarídeos. Por exemplo, a sacarose (açúcar da cana) e a lactose (açúcar do leite) são os dissacarídeos. Da mesma forma que os monossacarídeos, podem ser usados em processos de fermentação. No Brasil, a sacarose é hoje um dos mais importantes produtos tendo em vista a produção do álcool combustível.

Sobre o processo de fermentação, a primeira etapa é a hidrólise da sacarose, da qual se obtém uma mistura de glicose e frutose, também conhecida por *açúcar invertido*, termo empregado porque, após a hidrólise, o desvio da luz polarizada sofre inversão de sentido. O açúcar invertido é utilizado na fabricação de doces, pois evita a cristalização da sacarose e confere maior maciez ao alimento. A etapa seguinte consiste na fermentação em si.

Outro processo de fermentação muito útil ao ser humano é o da lactose, utilizado na produção de queijos e iogurtes. O tipo de produto depende do microrganismo empregado. Os dissacarídeos (lactose) têm, em sua composição, dois monossacarídeos unidos por uma ligação denominada *glicosídica*, hidrolisada facilmente pelo aquecimento com ácido diluído.

☐ Polissacarídeos

São açúcares que contêm mais de 20 unidades de monossacarídeos, os quais podem ter milhares de monossacarídeos. São a forma predominante dos carboidratos na natureza e podem, inclusive, ser reconhecidos como polímeros naturais. Quando os polissacarídeos são constituídos de apenas um tipo de monossacarídeo, são denominados *homopolissacarídeos*. Se estiverem presentes dois ou mais tipos de monossacarídeos, o resultado é um heteropolissacarídeo.

Capítulo 6

Atividades de autoavaliação

1. b
2. c
3. a
4. a
5. a
6.

a. Ácido lático

b. Ácido málico

c. Ácido cítrico

d. Ibuprofeno

e. Ácido salicílico

Atividades de aprendizagem

Questões para reflexão**

1. Também denominados *triglicérides* ou *triésteres*, os triglicerídeos apresentam, em sua fórmula estrutural, três grupos de éster (RCOOR). R corresponde a um grupo alquil (hidrocarboneto). A seguir, temos a representação de uma estrutura genérica de triglicerídeos.

$$\begin{array}{c} H \\ | \\ H-C-O-\overset{\overset{\displaystyle O}{\|}}{C}-R \\ | \\ H-C-O-\overset{\overset{\displaystyle O}{\|}}{C}-R \\ | \\ H-C-O-\overset{\overset{\displaystyle O}{\|}}{C}-R \\ | \\ H \end{array}$$

** A respostas desta seção foram elaboradas com base em Fogaça (2020); Souza (2020b) e Alves (2020).

No cotidiano, esse composto corresponde a óleos ou gorduras indispensáveis a nossa alimentação. Compostos graxos de origem vegetal, são óleos como o de dendê, de caroço de algodão, de amendoim, de oliva, de milho, de soja, de girassol, gordura de coco e manteiga de cacau, ou ainda são de origem animal na forma de sebo bovino, fígado de bacalhau, manteiga feita do leite, banha suína e óleo extraído da gordura de capivaras, por exemplo.

No organismo humano, os triglicerídeos circulam na corrente sanguínea após a ingestão desses alimentos e armazenam-se no tecido adiposo. Um problema que decorre da ingestão em excesso desses compostos é o nível alto de triglicerídeos no sangue, que pode causar inúmeros problemas de saúde, incluindo o desenvolvimento de pancreatite e doenças do coração.

Se o triglicerídeo for uma gordura, apresenta-se com uma estrutura sólida à temperatura ambiente, o que se justifica pela sua estrutura com saturados (só com ligações simples). Se for óleo, apresenta insaturações na estrutura (com ligações duplas ou triplas).

A reação de obtenção ocorre entre um glicerol e ácidos graxos (ácidos carboxílicos de cadeia longa, R-COOH).

2. Sim, a remoção de sujeira se deve à estrutura dos sabões.

   A estrutura química de sabões é representada na imagem a seguir, na qual é possível perceber o caráter polar e apolar do sabão.

H_3C ⁀⁀⁀⁀⁀ $\overset{O}{\underset{O^- Na^+}{\|}}$

Cadeia apolar
(interage com óleo)

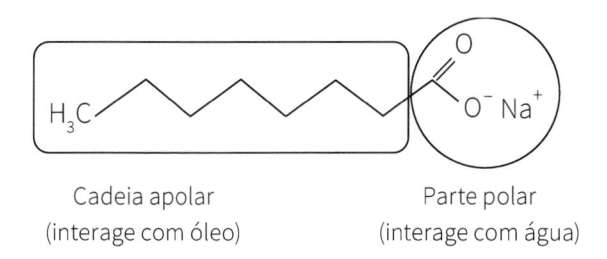

Parte polar
(interage com água)

A molécula de sabão tem a cadeia apolar formada por hidrocarbonetos ($-CH_2$), os quais se sentem atraídos por óleos (compostos apolares) e uma extremidade polar (que contém íons) que pode interagir com a água. A parte da molécula $-COONa$, dita *polar*, é hidrofílica (gosta de água), e a cadeia de hidrocarbonetos é hidrofóbica (tem aversão à água). Essa atração polar-polar e apolar-apolar é baseada na regra *semelhante dissolve semelhante*.

Assim, forma-se uma emulsão (mistura) caracterizada pela espuma, que torna possível limpar superfícies cheias de gordura usando água e sabão.

Sobre a autora

Bianca Sandrino é professora de Química do Colégio Sesi Internacional de Ponta Grossa e docente substituta na Universidade Federal Tecnológica do Paraná (UTFPR), *campus* Ponta Grossa. Tem pós-doutorado pelo Grupo de Polímeros do Instituto de Física da Universidade de São Paulo (USP), *campus* São Carlos (2014-2019), período em que trabalhou com filmes nanoestruturados que mimetizavam modelos de membrana celular com o uso de técnicas de Langmuir para a obtenção e a caracterização desses sistemas na presença de compostos anticancerígenos e antibacterianos. Como pesquisadora do Grupo de Química Orgânica na Universidade de Massachussets, nos Estados Unidos (2016), estudou nanopartículas aplicadas em catálise de polimerização como uma ferramenta contra bactéria resistente. Graduada em Química (2007), mestre em Química (2010) e doutora em Química Inorgânica (2014) pela Universidade Estadual de Ponta Grossa (UEPG). Tem diversos artigos científicos publicados em revistas internacionais.

Impressão:
Maio/2020